读图时代
茶说典藏

养生中国茶

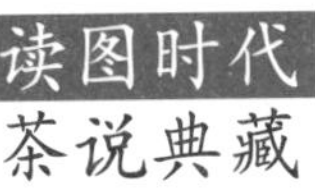

YANGSHENG ZHONGGUOCHA

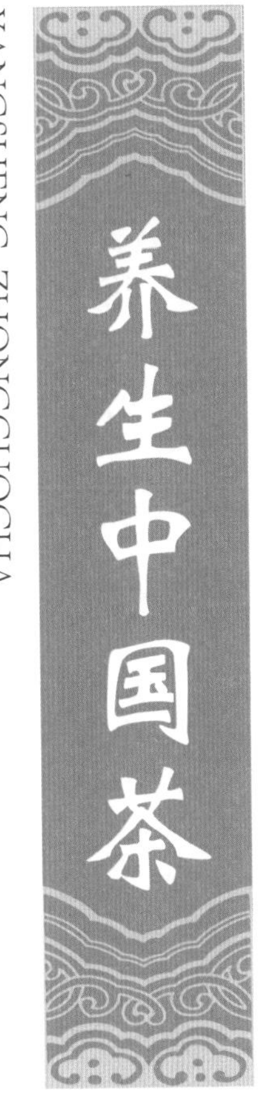

◎叶锦 编著

全国百佳图书出版单位
时代出版传媒股份有限公司
黄山书社

图书在版编目（CIP）数据

养生中国茶 / 叶锦编著. -- 合肥：黄山书社，2014.10
（茶说典藏）
ISBN 978-7-5461-4752-9

Ⅰ. ①养… Ⅱ. ①叶… Ⅲ. ①茶叶—食物养生 Ⅳ. ①R247.1

中国版本图书馆CIP数据核字（2014）第232984号

出品人　任耕耘
总策划　任耕耘　蒋一谈
内容总监　毛白鸽
编辑统筹　高　杨　王　新
责任编辑　张月阳
图文编辑　袁凯鹏
美术编辑　李　娜
图片统筹　DuToTime
出版发行　时代出版传媒股份有限公司（http://www.press-mart.com）
　　　　　黄山书社（http://www.hspress.cn）
地址邮编　安徽省合肥市蜀山区翡翠路1118号出版传媒广场7层　230071
印　　刷　安徽联众印刷有限公司
版　　次　2015年1月第1版
印　　次　2015年1月第1次印刷
开　　本　710mm×875mm　1/16
字　　数　140千
印　　张　10.75
书　　号　ISBN 978-7-5461-4752-9
定　　价　98.00元

服务热线　0551—63533706
销售热线　0551—63533761
官方直营书店（http://hsssbook.taobao.com）

序

在中华民族五千多年的历史中，健康长寿一直是人们追求的美好愿望，也是上至帝王将相下至黎民百姓都不懈追求的目标，于是便诞生了源远流长的养生文化。由于养生是对人类生命现象的研究，其内容涉及人们日常生活的各个方面，牵涉到各种文化现象，因此古代的养生知识大都分散在各类文化之中，比如医药文化、食文化、茶文化、宗教文化、民俗文化、武学文化等。其中，以养生为主的茶文化是中国养生文化的重要组成部分，其历史可以上溯到上古神农氏时期。茶被誉为“万病之药”，历代医学、茶学文献中对于茶的防病治病的功效也多有记载。如今，随着人们对“以茶养生”越来越重视，茶逐渐成为一种日渐流行的养生保健饮品。

为了能够让读者对茶的养生作用有所了解，并能够科学选用，我们特意策划、编写了此书。本书从茶可养生、养生茶的种类与功效、养生茶的选择和饮用、养生茶方等四个方面进行了介绍。除了介绍古代养生的历史和茶叶养生的历史外，还详细介绍了七大茶类各自的特点和功效、养生茶的挑选、养生茶的饮用方法和注意事项、常用的养生茶方等内容，希望读者能够从中有所获益。

◎《品茶图》 陈洪绶（明）
绢本 设色 纵 76 厘米 横 53 厘米

养生中国茶|目录

第四章　养生茶方

第一章 茶可养生

养生是一种文化现象，产生于上古先民与残酷的自然环境作斗争的过程当中，是人们在长期生产实践中智慧的结晶。养生是中华民族在维护人体健康和种族延续的历史实践过程中所创造的物质财富和精神财富的总和，具有一定的民族性、传统性和延续性，是中华民族传统文化不可分割的有机组成部分。以茶养生是我国养生文化的重要组成部分，茶的历史悠久、种类繁多，而且健康保健的功效显著，是大自然赐予人类的天然养生品。

古代养生的历史

养生，又称“摄生”、“道生”、“养性”、“保生”、“寿世”等。所谓养，即保养、调养、补养的意思；所谓生，就是生命、生存、生长的意思。一般来讲，养生是指人在遵循生命活动规律和自然规律的基础上，采用各种不同的方法保养身体、保持身心健康，从而防治疾病、延年益寿的一种理论和方法。

“养生”一词最早见于《庄子·养生主》，其原意本不是保养生命以达长寿，而是维持社会秩序。直到魏晋时期嵇康所著《养生论》指

◎ 庄子像

庄子（约前369—前286）是中国古代著名的思想家、哲学家、文学家，道家学派的代表人物之一。

◎《老子骑牛图》
老子（生卒年不详）是中国古代伟大的哲学家和思想家，道家学派创始人。此画为明代张路所作。

出："是以君子知形恃神以立，神须形以存……故修性以保神，安心以全身……又呼吸吐纳，服食养身，使形神相亲，表里俱济也。"由此，"养生"一词才第一次被赋予了保养生命以达长寿之意。

中国养生文化的萌芽可追溯到殷商时代，从已经出土的甲骨文的考证中可以发现，殷商时的人们在生病、分娩时都祈祷祖宗神灵护佑；对日常生活中的吉凶祸福与健康状况也不时问卜，进而举行各种形式的祭祀活动以清除不祥。此外，甲骨文中还出现了有关个人卫生（如沐、浴）

和集体卫生（如大扫除称“寇帚”）之类的记载。时至西周，养生思想进一步发展。周代还设有食医专门掌管周王与贵族阶层的饮食，指导“六饮、六膳、百馐、百酱”等多方面的饮食调理工作，提出饮食调理要与四季气候相适应。到了春秋战国时期，诸子百家在养生领域中所作的各种大胆探索，为中国养生文化的形成奠定了坚实的基础，其中在养生问题上贡献最大的当属道、儒两家。

道家养生思想的核心是“道法自然”，重视养性，人的一切行为活动都应遵循自然规律，不悖天地之理，如此才能健康长寿。由于婴儿的状态最接近自然，因此老子提出返璞归真的主张，把婴儿推为“至朴”、“至真”的理想标准，强调养生应以重返婴儿状态为最高标准。庄子认为人与自然合二为一是养生的最高境界，主张顺其自然，避免刻意追求，认为“无为”、“无己”、“绝对逍遥”是达到天人合一的根本途径。此外，道家的养生思想还强调“清静虚无”和“形神兼养”，主张无欲无求以养护心神，达到延年益寿的目的。这些养生长寿的思想，一直为历代养生家所重视，深刻影响了后世的养生理论。

◎《古代养生图》

儒家养生思想的核心是修身养性，提倡“仁德”和“孝道”。儒家宣扬“仁”的学说，孔子提出“己所不欲，勿施于人”的观点，孟子说“老吾老以及人之老，幼吾幼以及人之幼”，由此引出了“仁者寿”、“孝者寿”的概念。“仁”和“孝”都是修身养性的结果，仁德至孝之人大都乐观豁达、心胸开阔、思想积极，身心皆处于平衡状态，故能长寿。此外，儒家养生思想的另一亮点是对于食疗养生的重视，并首次提出了注意饮食卫生的观点。《论语·乡党》中说，“食不厌精，脍不厌细”，强调精细饮食。《礼记·内则》中指出：“凡和，春多酸，夏多苦，秋多辛，冬多咸，调以甘滑。”强调饮食应顺应四时变化，这样才有利于身体健康，延年益寿。孔子还提出关注饮食卫生的观点，他指出，“食饐而餲，鱼馁而肉败不食，色恶不食，臭恶不食，失饪不食，不时不食，割不正不食，不得其酱不食”，并要求“食不语，寝不言”。这些都对后世的养生思想产生了非常深远的影响。

战国末年出现的《吕氏春秋》一书，在养生学方面显得更加成熟，养生理论也更加专门化。其养生观有：认为感官欲求乃是人的自然天性，

◎ 孔子像

孔子（前 551—前 479）是我国古代的政治家、思想家、教育家，儒家学派的创始人。

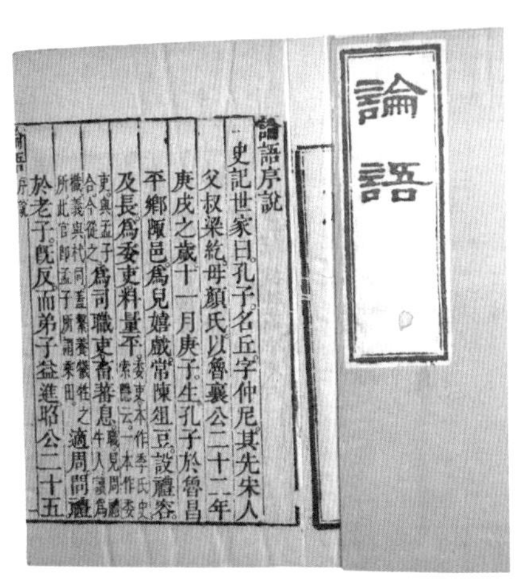

論語

論語序說
史記世家曰孔子名丘字仲尼其先宋人
父叔梁紇母顏氏以魯襄公二十二年
庚戌之歲十一月庚子生孔子於魯昌
平鄉陬邑爲兒嬉戲常陳俎豆設禮容
及長爲委吏料量平委吏本作季氏史索隱云一本作委
吏與孟子合今從之爲司職吏畜蕃息職見周禮牛人讀爲
樴義與杙同蓋繫養犧牲之所此官即孟子所謂乘田適周問禮
於老子既反而弟子益進昭公二十五

◎《论语》书影

《论语》是儒家学派的经典著作之一，由孔子的弟子及其再传弟子编撰而成。

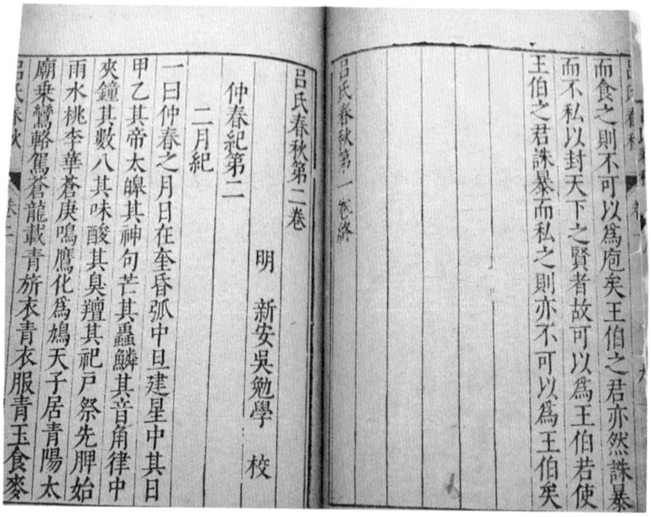
而食之則不可以爲危矣王伯之君亦然誅暴
而不私以封天下之賢者故可以爲王伯若使
王伯之君誅暴而私之則亦不可以爲王伯矣

呂氏春秋第一 卷終

呂氏春秋第二卷

明 新安吳勉學 校

仲春紀第二

二月紀

一曰仲春之月日在奎昏弧中旦建星中其日
甲乙其帝太皞其神句芒其蟲鱗其音角律中
夾鐘其數八其味酸其臭羶其祀戶祭先脾始
雨水桃李華蒼庚鳴鷹化爲鳩天子居青陽太
廟乘鸞輅駕蒼龍載青旂衣青衣服青玉食麥

◎《吕氏春秋》书影

但决不可听任欲望无限膨胀，而必须有所节制；把“五行”与天地、阴阳、四时的内在因素联系起来，提出“天地之气，合而为一，分为阴阳，判为四时，列为五行”；提出在精神、饮食和居住环境等方面均应调节得当、轻重适度；人们要想健康长寿，首先在精神上必须保持平静、安详，避免过度刺激，不受“大喜、大怒、大忧、大哀”等不良情绪的骚扰；在饮食方面应该做到定时定量，正所谓“食能以时，身必无灾；凡食之道，无饥无饱，是之谓五脏之葆”；提出了“流水不腐，户枢不蠹”的运动养生观。

秦汉至隋唐的千余年间，是中国养生文化的繁荣期。从西汉初年开始，由于当时的最高统治者大多热衷于追求长生不老之术，从而在客观上促进了养生文化的兴盛。在西汉产生的诸多养生著作中，最令世人瞩目的当属《黄帝内经》。该书汇集了先秦时期的各种养生观点，并且首次专门从医学角度探讨了养生问题。《黄帝内经》涉及的养生原则主要有两条：一是调摄精神与形体，努力提高机体防病抗衰能力；二是适应外界环境，避免外邪侵袭。对此，《上古天真论》作了较为全面的总结，即“法于阴阳，和于术数，食饮有节，起居有常，不妄作劳，故能形与神俱，而尽终其天年，度百岁乃去”。此外，《黄帝内经》中还提出了“五谷为养，五果为助，五畜为益，五菜为充，气味合而服之，以补精益气”的观点，这是我国最早的关于合理营养与平衡膳食的理论。《黄帝内经》上的养生理论极大地影响了中国养生文化史，后世的各种养生著作大多是在《黄帝内经》的基础上发展、完善起来的。

东汉以后，在《黄帝内经》的引导和带动下，中医养生学日趋繁荣，出现了张仲景和华佗两大医学家、养生家。医圣张仲景在《金匮要略·脏

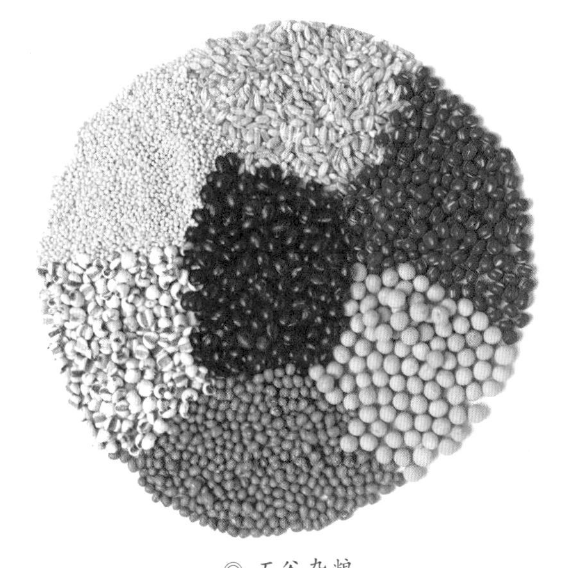

◎ 五谷杂粮

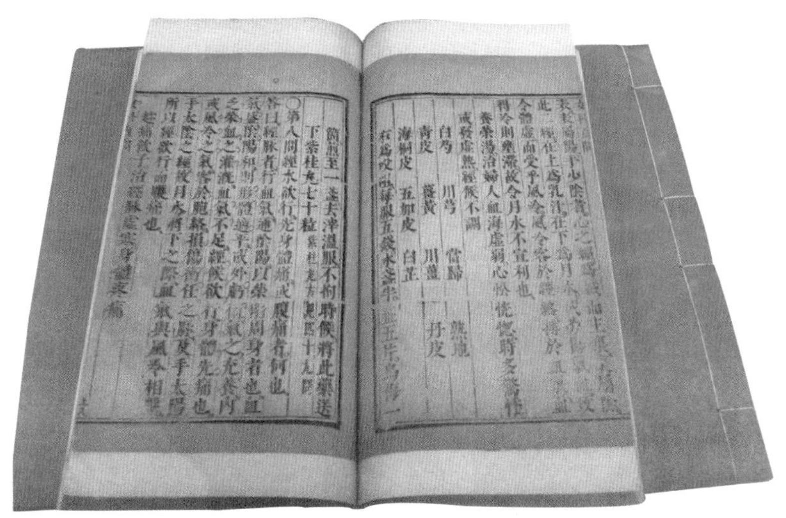

◎《黄帝内经》书影

五禽戏

腑经络先后病脉证第一》中提出了若干具体养生原则："不令邪气干忤经络"、"导引、吐纳"、"房室勿令竭之，服食节其冷热苦酸辛甘，不遗形体有衰"、"饮食禁忌"等。华佗认为运动是祛病延年的重要途径，《三国志·华佗传》记载：华佗曾对弟子吴普说："人体欲得劳动，但不当使极尔。动摇则谷气得消，血脉流通，病不得生，譬犹户枢，终不朽也。是以古之仙者，为导引之事，熊颈鸱顾，

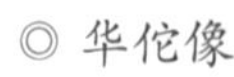
◎ 华佗像

华佗（约 145—208）为东汉末年著名医学家。他医术全面，尤其擅长外科，精于手术。

引挽腰体，动诸关节，以求难老。”华佗的这种符合科学原理的运动养生理论是我国医学史上的创见。此外，他在长期的运动实践中，潜心研究和总结前人经验，创编了仿虎、鹿、熊、猿、鸟（鹤）五种动物形态的“五禽戏”。

魏晋南北朝时期，战乱频仍，社会动荡不安，为了摆脱这种困境，当时的士大夫阶层大多往往沉醉于养生之道，在具体的养生实践上，由重视导引吐纳转向炼丹服食，进而形成了一系列颇具道教色彩的养生方法。这一时期，道教养生文化的主要代表人物是葛洪和陶弘景。葛洪主张恬愉淡泊，涤除各种嗜欲；提倡宝精行气，创立胎息功法；强调房事养生，“得其节宣之和”；提出“养生以不伤为本”，主张人的言行举止、存思计虑都不应超出正常的生理限度。陶弘景一生著述颇多，仅养生方面的专著就有若干种，如《养性延命录》、《导引养生图》、《养生经》等。其中《养性延命录》为我国现存最早的一部养生学专著，在养生理论和

◎《古代导引养生图》

方法上，都比前代有所发展。书中涉及多方面的养生内容：认为形神相依，主张清心寡欲以养神，导引运动以养形；认为人的寿命长短固然与先天因素有关，但后天的调养更为重要；提倡过用病生，主张节用以减少不必要的消耗；认为天地和自然是人体生命活动的源泉，指出人体“载形魄于天地，资生长于食息”。此外，他还收录了梁代以前各类书籍所载的养生法则和养生学家的方术，可概括为顺应四时、调摄情志、节制饮食、适当劳动、节欲保精、服气导引等六个方面。总之，《养生延命录》对于推动养生学发展，有着重要的研究价值。

隋唐五代，养生文化进一步沿着秦汉魏晋以来形成的理论与实践并重的方向发展，出现了孙思邈和司马承祯等重要养生学家。孙思邈的养生思想主要收在《千金要方》和《千金翼方》两书中。孙思邈既主张静养，又强调运动；既强调食疗，又主张药补；既强调节欲，又反对绝欲；既涉及衣、食、住、行与养生的关系，又专门探讨了老年保健问题。司马承祯的两部重要著作《天隐子养生书》和《坐忘论》，都基本源于老

◎ 孙思邈像

孙思邈（581—682）是唐代著名道士、医药学家，被后世尊为“药王”。

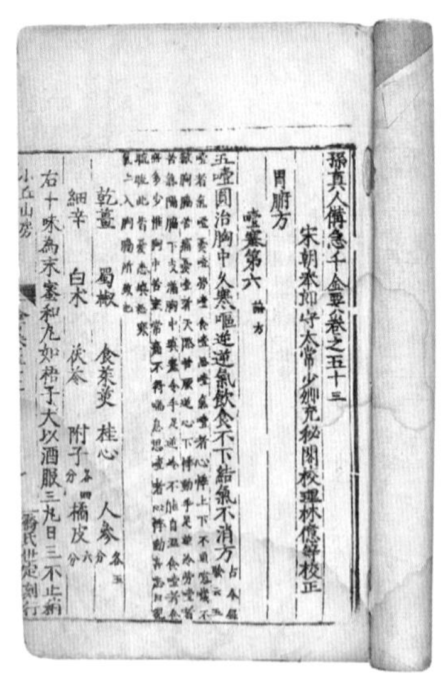

孫真人備急千金要方卷之五十三
宋朝奉郎守太常少卿充秘閣校理林億等校正
胃腑方
噎塞第六 論 方
五噎圓治胸中久寒嘔逆逆氣飲食不下結氣不消方
乾薑 蜀椒 食茱萸 桂心 人參 各五分
細辛 白朮 茯苓 附子 各四分 橘皮 六分
右十味為末蜜和丸如梧子大以酒服三丸日三不止稍

◎《千金要方》书影

庄思想，阐述了收视反听、遗形复照的内修养生理论和方法。在具体的养生方法上，司马承祯还创立了各种服气法、导引法等。

唐代时，统治阶级把儒、佛、道三教作为官方的正统思想。儒、佛、道三家著作中的养生内容被当时的医家和方士所继承，并巧妙地加以融合、发展，从而使中医养生的理论和方法，有了较大的发展和充实。

◎《古代起居养生图》

宋元时期，中医学出现了流派争鸣的局面，涌现了金元四大家（刘完素、张子和、李东垣、朱丹溪）和陈直、丘处机、邹铉等一大批著名养生家；同时由于宋代帝王对养生学十分关注，组织力量编写了《太平圣惠方》、《太平惠民和剂局方》、《圣济总录》等大型的官修医书，从而促进了养生学的发展。当时的人们注意从发病学的角度探求养生规律，中医养生家已经认识到人的形体“因气而荣，因气而病”（《圣济总录》），于是主张养生应该努力保养气血，调理气机。金元四大家之一的李东垣认为“脾胃之气既伤，而元气亦不能充，而诸病之所由生也”，从而相应地提出了养生要务在于保养脾胃之气。同为金元四大家的朱丹溪则强调阴精对人体的重要作用，认为人的一生“阳常有余，阴常不足”，因而在治病和养生方面以滋阴为主。人们都非常重视日常的起居养生，如《养生类纂·人事部》记述：“早起，先以左、右手摩肩，次摩脚心，则无脚气之疾；或以热手摩面，则令人悦色；以手背揉眼，

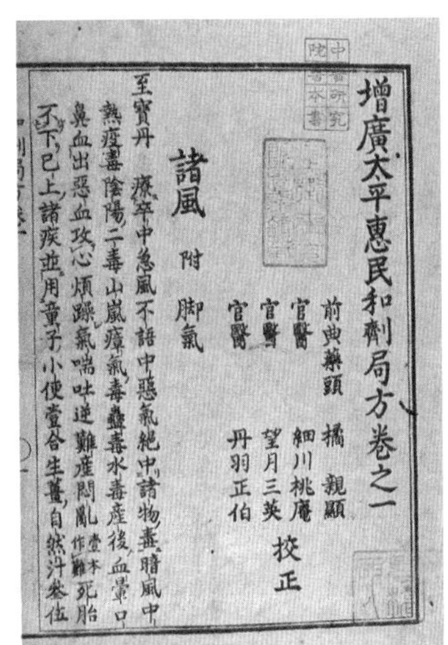

增廣太平惠民和劑局方卷之一

前典藥頭 橘 親顯
官醫 細川桃庵
官醫 望月三英 校正
官醫 丹羽正伯

諸風 附 脚氣

至寶丹 療卒中急風不語中惡氣絕中諸物毒暗風中熱疫毒陰陽二毒山嵐瘴氣毒蠱毒水毒產後血暈口鼻血出惡血攻心煩躁氣喘吐逆難產悶亂（一本作難）死胎不下已上諸疾並用童子小便壹合生薑自然汁參伍

◎《太平惠民和剂局方》书影

《太平惠民和剂局方》为宋代太医局编写，分伤风、伤寒、痰饮、诸虚、积热、泻痢、眼目疾等 14 门，788 方。

则明目。”张端义的《贵耳集》记载：“郭尚贤耽书落魄，自阳翟尉致事，尝云服饵导引之余，有二事乃养生之要，梳头浴脚是也。尚贤云：‘梳头浴脚长生事，临睡之时小太平。’”此外，当时也比较重视运动养生，出现了“八段锦”这一中国传统保健功法。

明清时期，中医养生学的内容得到了进一步的丰富和完善，并使养生学得到更大范围的发展。明代重要的养生理论家张景岳在《治形论》中辩证地阐述了形与神、形体与生命的内在联系，提出形是神和生命现象的物质基础，并注重“养形”。除此之外还有李中梓《寿世青编》、万全《养生四要》、高濂《遵生八笺》、冷谦《修龄要旨》、袁黄《摄生三要》、胡文焕《寿养丛书》、曹庭栋《老老恒言》等养生专著问世，从而使养生学的内容不断充实和提高。

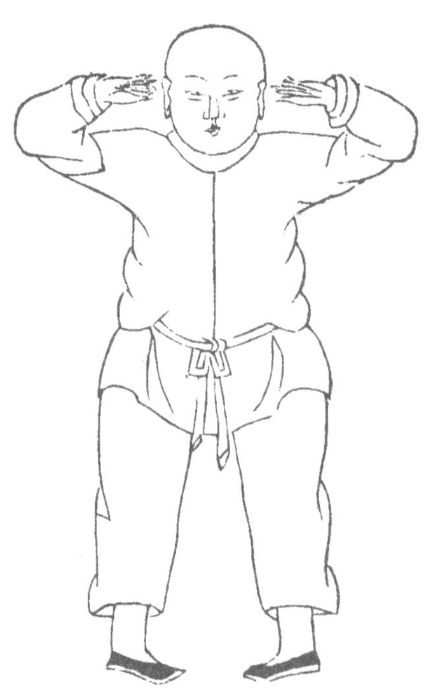

◎ “八段锦”站势

◎ “八段锦”坐势

八段锦的体势有坐势和站势两种：坐势练法恬静，运动量小，适于起床前或睡觉前锻炼；站势运动量较大，适于日常的锻炼。

茶叶养生的历史

茶作为我国传统的养生保健饮品，已有数千年的历史，是养生文化的重要组成部分。茶叶养生是一种通过食茶或饮茶以达到养生保健、延年益寿目的的养生方式。

茶最开始是作为药物出现在中国历史上的。据《神农本草经》中记载："神农百草，日遇七十二毒，得茶而解之。"当时的"茶"就是野生的茶叶，这是人类第一次认识到茶叶的医疗作用，但当时是食茶，而非饮茶。从现有古代文献资料看，最早将茶作为饮品的应该是春秋时期的巴蜀人。清朝著名学者顾炎武在《日知录》中提出："自秦人取蜀后，有茗饮之事。"由此可见，茶叶养生的历史可追溯到春秋时期。

◎《神农采药图》

到了西汉，饮茶已成为当时上层阶级日常生活的一部分。西汉王褒所著《僮约》记载，当时士人间有“客来烹茶”的习俗，此时饮茶仅限于上层阶级，尚未平民化，其方式以煮茶为主。东汉时期，我国现存最早的药物学专著《神农本草经》问世了，书中首次确认了茶的药用功效：“茶味苦，饮之使人益思、少卧、轻身、明目。”此后，人们就将茶作为一味防病治疾、养生保健的良药而加以应用。医圣张仲景在《伤寒杂病论》中写道“茶治便脓血甚效”，对茶治痢疾的经验进行了总结。神医华佗在《食论》

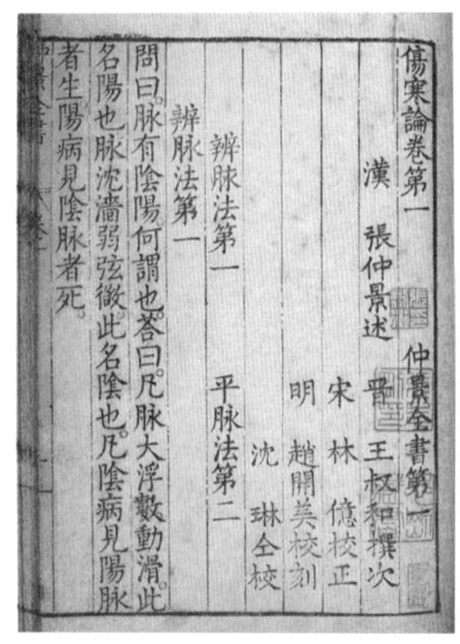

傷寒論卷第一　仲景全書第一
漢　張仲景述
晉　王叔和撰次
宋　林　億校正
明　趙開美校刻
沈　琳仝校
辨脉法第一　平脉法第二
辨脉法第一
問曰。脉有陰陽何謂也。答曰。凡脉大浮數動滑。此名陽也。脉沈濇弱弦微。此名陰也。凡陰病見陽脉者生。陽病見陰脉者死。

◎《伤寒杂病论》书影

《伤寒杂病论》是我国第一部从理论到实践、确立辨证论治法则的医学专著，是中国医学史上影响最大的著作之一。

◎ 各种茶材

中写道“苦茶久食，益意思”，说明长期饮茶有利于思维敏捷。这些都表明茶的养生之道在当时已为人们所知、所用。

魏晋南北朝时期，名医吴普用茶治疗厌食、胃痛等症，并将茶作为“安心益气，轻身耐老”的养生保健品来饮用。而与吴普同时代的张揖在其撰写的《广雅》中说：“荆巴间采叶作饼。叶老者，饼成以米膏出之。欲煮茗饮，先炙，令赤色，捣末，置瓷器中，以汤浇覆之。用葱、姜、橘子芼（掺和）之，其饮醒酒，令人不眠。”此方具有配伍、服法与功效，是目前可见到的有关茶疗方剂制用的最早记载。南北朝时期的医药学家陶弘景在《本草经集注》中指出“久喝茶可轻身换骨”，这是他根据自己长期喝茶的体会而总结出的经验——茶可养生保健。

◎ 陆羽品茶泥塑

◎ 陆羽《茶经》书影

饮茶真正平民化是在唐朝。当时不仅上层阶级喜好饮茶，民间也饮茶成风，并出现了“茶宴”，人们纷纷以茶代酒招待宾客。唐代诞生了世界上第一部最具权威性的茶学专著——《茶经》。书中写道：“……谢安、左思之徒，皆饮焉。滂时浸俗，盛于国朝，两都并荆俞间，以为比屋之饮。”还写道：“茶之为用，味至寒，为饮最宜。精行俭道之人，若热渴、凝闷、脑疼、目涩、四肢烦、百节不舒，聊四五啜，与醍醐、甘露抗衡也。”盛赞了饮茶所产生的清热止渴，解闷除烦，清利头目、四肢的效用，表明茶叶的养生保健作用已被广泛运用。此外，唐代著名医学家陈藏器在其著作《本草拾遗》中称“诸药为各病之药，茶为万病之药”，由此正式提出了“茶为万病之药”的观点。

◎《斗茶图》【局部】刘松年（宋）
立轴 绢本 设色
纵 57 厘米 横 60.3 厘米
台北“故宫博物院”藏

宋代时，茶风日盛，“斗茶”兴起，随着文人墨客的参与，饮茶养生也多了一分风雅之趣，时人十分重视茶品火候、煮法、饮效等。例如宋代文学家苏轼对茶的功效就深有研究，他在《仇池笔记》中介绍了一种以茶护齿的妙法：“除烦去腻，不可缺茶，然暗中损人不少。吾有一法，每食已，以浓茶漱口，烦腻既出而脾胃不知。肉在齿间，消缩脱去，不烦挑刺，而齿性便若缘此坚密。率皆用中下茶，其上者亦不常有，数日一啜不为害也。此大有理。”此外，当时的

聖濟總錄纂要卷之一
程 林雲來 纂
黃家珮鏘鳴
新安 吳汝漸非止 較
許承家師六
江 湘郢上 閱
諸風門
中風 卒中風 肝中風 心中風
脾中風 肺中風 腎中風

◎《圣剂总录》书影

统治者相当重视茶的养生作用，如北宋翰林医官院、太医局等曾广泛收集茶叶养生的配方、偏方，在《太平圣惠方》、《太平惠民和剂局方》等医药著作中就载有不少茶方。宋徽宗时，由朝廷组织人员编撰的《圣济总录》中也载有不少茶方，如“姜茶散”，即“先煎茶末令熟，再调干姜末服之，以治霍乱后烦躁卧不安”。

元代时，茶叶养生进一步发展。宫廷饮膳太医忽思慧总结自己饮食烹调多年的经验，写成《饮膳正要》一书，其中有不少茶方。书中指出：“凡诸茶，味甘苦微寒五毒，去痰热，止渴，利小便，消食下气，清神少睡。”元代著名医家王好古在他的《汤液本草》中指出，茶能“清头目，治中风昏聩、多睡不醒”。元代吴瑞在《日用本草》中记载：茶能“除烦止渴，解腻清神”，“炒煎饮，治热毒赤白痢”。

明代时，饮茶蔚然成风，饮茶方式也由煮茶变为泡茶。明人饮茶不过多地注重形式而较为讲究情趣，尤其表现在文人吟风弄月之余，常品

◎《品茶图》【局部】文徵明（明）
立轴　纸本　设色
纵 142.31 厘米　横 40.89 厘米
台北“故宫博物院”藏

重刊本草綱目序
本草一書撰自軒皇種別
三十六分爲三品與內經
素問諸書並爲世寶梁陶
通明增藥一倍隨品附入

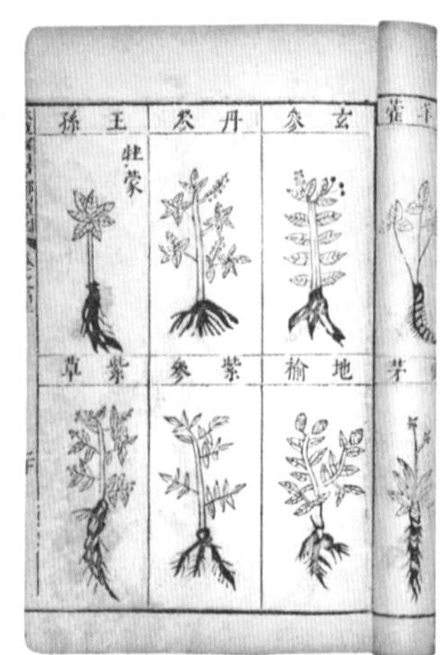

◎《本草纲目》中的插图

茗以助兴。因此明代关于茶的著作不可胜数，文人才子在书画中也常以“茶事”为题，如陈洪绶的《品茶图》、唐寅的《事茗图》、文徵明的《品茶图》、仇英的《松亭试泉图》等。此时，人们对茶叶养生的认识也更加深入，尤其是在理论上进行了总结，其中最著名的是李时珍编著的《本草纲目》。书中指出：“茶苦而寒……最能降火，火为百病，火降则上清矣。……又兼解酒食之毒，使人神思闿爽，不昏不睡，此茶之功也。……惟饮食后浓茶漱口，既去烦腻又脾胃不知，且苦能坚齿消蠹，深得饮茶之妙。”此外，明代钱椿年编著的《茶谱》中“茶效”一节写道：“人饮真茶，能止渴、消食、除痰、少睡、利水道、明目、益思、除烦、去腻，人固不可一日无茶。”

清代时，饮茶盛况空前，茶在人们生活中占有重要的地位，不仅在日常生活中离不开茶，而且办事、送礼、议事、庆典等都离不开茶。此时，茶叶养生更加盛行。清初著名医药学家汪昂在《本草备要》中说茶能“解酒食、油腻、烧炙之毒，利大小便，多饮消脂”。清代医学家黄宫绣在《本草求真》中指出：“茶禀天地至清之气，得春露以培，生意充足，纤芥滓秽不受，味甘气寒，故能入肺清痰利水，入心清热解毒，是以垢腻能降，炙灼能解，凡一切食积不化，头目不清，痰涎不消，二便不利，消渴不止及一切吐血、便血等，服之皆能有效。”

古人选择宜茶水品之法

在中国饮茶史上，曾有“得佳茗不易，觅美泉尤难”之说。下面介绍一下古人选择宜茶水品的方法。

水品重“源”。唐代的陆羽在《茶经》中指出：“其水，用山水上，江水中，井水下。”明代陈眉公的《试茶》诗中说：“泉从石出情更洌，茶自峰生味更圆。”他们都认为宜茶水品的优劣与水源的关系甚为密切。

水质需“清”。唐代陆羽的《茶经·四之器》中所列的漉水囊，就是作为滤水用的，使煎茶之水清净。宋代“斗茶”强调茶汤以“白”取胜，且注重“山泉之清者”。明代熊明遇用石子“养水”，目的也在于滤水。可见，宜茶水品以“清”为本。

◎ 宜茶水品之虎跑泉水

虎跑泉位于浙江杭州市，泉水晶莹甘洌，为极佳的泡茶水品。

◎ 宋徽宗赵佶像

宋徽宗（1082—1135）为宋朝最为博学多才的皇帝，精通书画，自创书法字体“瘦金书”；通茶道，著有《大观茶论》。

水品贵“活”。宋代苏轼的《汲江煎茶》诗中说：“活水还须活火烹，自临钓石取深清。”宋代唐庚《斗茶记》中指出：“水不问江井，要之贵活。”宋代胡仔《苕溪渔隐丛话》中认为：“茶非活水，则不能发其鲜馥。”明代顾元庆《茶谱》中指出：“山水乳泉漫流者为上。”他们都认为宜茶水品以“活”为贵。

水味要“甘”。北宋重臣蔡襄《茶录》中认为：“水泉不甘，能损茶味。”明代田艺蘅在《煮泉小品》说：“味美者曰甘泉，气氛者曰香泉。”明代罗廪在《茶解》中主张：“梅雨如膏，万物赖以滋养，其味独甘，梅后便不堪饮。”他们都强调宜茶水品在于“甘”，只有“甘”才能够出“味”。

水品应“轻”。清代乾隆皇帝一生爱茶，是一位品泉评茶的行家。据清代陆以湉《冷庐杂识》记载，乾隆每次出巡，常喜欢带一只精制银斗，“精量各地泉水”，精心称重，按水的比重从轻到重，排出优次，定北京玉泉山水为“天下第一泉”，作为宫廷御用水。由此可见，宜茶水品以“轻”为佳。

以上诸家，对宜茶水品的选择，都有一定道理，但不乏片面之词。而比较全面评述的，首推宋徽宗赵佶，他在《大观茶论》中提出：宜茶水品“以清轻甘洁为美”。

第二章

茶的种类与功效

茶叶、中药材、五谷、水果等都可以作为养生饮品，本书所讲的养生茶除了茶叶本身外，有的还以茶叶为基础，再添加中药材、五谷、水果等材料。本章主要就茶的种类和功效进行详细的介绍。

茶叶的成分和功效

现代科学证明，茶具有提神解乏、减肥消脂、利尿排毒、清肝明目、预防龋齿、抗菌消炎、助消化、防老抗衰、防治心血管疾病、防癌抗癌、防辐射、美容护肤、抗过敏等多种功效，于是被人们称为“万病之药”。其实，茶之所以具有如此多的功效，是因为茶中含有与人体健康密切相关的药用成分，主要的药用成分有生物碱、多酚类化合

◎ 多种茶材

◎ 西湖龙井茶

物、维生素类、矿物质、氨基酸、单宁酸等。

茶中的生物碱主要有咖啡因、茶碱和可可碱三种，它们是一类重要的生理活性物质，都具有使中枢神经兴奋的作用，能提神醒脑。其中，含量最多的是咖啡因，它易溶于水，具有兴奋中枢神经、促进新陈代谢、增强血液循环、提神解乏、促进消化、强心益肾的作用。

多酚类化合物是一类具有生物氧化作用的酚性化合物，主要由儿茶素类、黄酮类化合物、花青素和酚酸组成，其中含量最多的是儿茶素。茶叶中的儿茶素和某些酶可以加快体内脂肪燃烧，减少胆固醇在体内的堆积，从而达到降低胆固醇和血脂含量，使人瘦身健美。儿茶素还对伤寒杆菌、副伤寒杆菌、白喉杆菌、绿脓杆菌、金黄色溶血性葡萄球菌、溶血性链球菌及痢疾杆菌等细菌具有明显的抑制作用，同时对胃癌、肠癌等多种癌症有很好的预防和辅助治疗作用。茶叶中的黄酮类化合物还有明显的消炎效果。

茶叶中含有丰富的维生素，这些维生素是维持人体健康及正常新陈代谢必不可少的物质，其主要包括维生素 A、 B 族维生素、维生素 C、维生素 D、维生素 E、维生素 K 、维生素 P 等。维生素 A 能维持上皮组织正常功能，防止角化，防治干眼病；能增强视网膜感光性，防治夜盲症；对老年性白内障、青光眼也有一定防治作用。B 族维生素对于保持人体健康、维持正常生理机能具有十分重要的意义，其主要包括维生素 B1、维生素 B2、维生素 B3、维生素 B6、维生素 B12 等。维生素 B1

◎ 云南普洱茶

能维持神经、心脏及消化系统的正常功能，可预防多发性神经炎；防治脚气病、心脏活动失调、胃功能障碍等；对支气管哮喘、胆绞痛、肠痉挛性疼痛患者有一定疗效。维生素B2能防治口角炎、舌炎、脂溢性皮炎等。维生素B3可防治皮炎、毛发脱色以及维持神经系统的正常功能。维生素B6，又称“叶酸”，主要可预防贫血，若茶叶冲泡后加盖闷泡约20分钟，可使茶水中的叶酸含量达到最高值。维生素B12，可以治疗恶性贫血。维生素C具有明显的抗癌作用，还具有促进伤口愈合、抑制黑色素生成、美白肌肤、治疗坏血病、促进矿物质吸收等作用。维生素D可防治佝偻病。维生素E可阻止人体脂质的过氧化作用，具有抗衰老的效用；能维持正常生殖机能，防止肌肉萎缩。维生素K可以促进肝脏生成凝血素，具有止血作用。维生素P是维持细胞活力和保持毛细血管通透性的重要物质。

茶叶中矿物质的含量也十分丰富，人体所需的矿物质如钠、镁、钾、铁、钙、磷、锌、硒以及微量元素锰、铝、碘、钡、钴、锶等都可以从茶中摄取。这些矿物质对人体的发育和健康至关重要，比如钠对维持机体内环境平衡作用巨大；镁可促进细胞新陈代谢；锌可提高生殖能力和免疫力，还可促进因口腔溃疡、烧伤、皮肤溃疡而出现的疮口恢复，消炎生肌；铁可以增强造血功能；钙能预防骨质疏松；锰能防治惊厥、骨节生长不正常等。

茶叶中的氨基酸是人体必需的营养成分，其与人体健康有着密切的联系。比如谷氨酸能降低血氨，治疗肝性脑病；蛋氨酸能调节脂肪代谢；胱氨酸可以促进毛发生长，防止早衰；半胱氨酸具有抗辐射的作用；精氨酸、苏氨酸对于人体生长发育和智力发育作用重大。

单宁酸，又称“鞣酸”，是茶叶中的重要成分，具有抗食物过敏、抗癌抗菌、降胆固醇、抑制血压上升等功效。此外，单宁酸还可以吸收人体内的黑色素并排出，因此多喝茶有美白肌肤的功效。

七大茶类

茶叶按照制作工艺可以分为绿茶、红茶、乌龙茶、黑茶、黄茶、白茶、花茶等七大类。

【绿茶】

绿茶是我国历史最为悠久、产量最大、品种最多的茶类，是未经发酵的茶叶，品质优良者呈绿色，冲泡后绿叶清汤，具有清香或甜花香，饮之鲜醇可口。绿茶制作一般经过杀青、揉捻、干燥三道工序。其中杀青是决定绿茶色泽的关键工序，即用高温破坏茶叶中酶的活性，抑制茶多酚类物质的酶促氧化作用，使叶中水分蒸发，青臭气发散出去，以产生茶香。绿茶性凉，具有清热泻火、益肝明目、生津止渴、利尿消肿、消炎止痢、解暑、降胆固醇、降血脂、防止动脉硬化、降血糖、抗辐射、防癌抗癌、宁心安神等诸多功效，适用于肥胖病、糖尿病、痢疾肠炎、目赤眼昏、高血压、高血脂、心脑血管、风热感冒、消化不良、咽喉肿痛等病症，以及适合脑力劳动者、时常看电脑电视者及嗜烟酒者等饮用。

根据杀青方式和最终干燥方式不同，绿茶主要分为炒青绿茶、烘青绿茶、蒸青绿茶和晒青绿茶四类。

● 炒青绿茶

炒青绿茶是将鲜叶杀青、揉捻后利用锅炒的方式进行干燥制成的绿茶，如龙井茶、碧螺春、庐山云雾、松萝茶、珠茶、竹叶青等茶。

◎ 龙井茶

龙井茶是主要产于浙江省杭州市西湖区一带的扁形炒青绿茶。其成茶外形光亮、扁直，色翠略黄似糙米色，滋味甘鲜醇和，香气幽雅清高，汤色碧绿黄滢，叶底细嫩成朵，以“色绿、香郁、味醇、形美”著称于世。

◎ 碧螺春

碧螺春是产于江苏省苏州市太湖洞庭东西山一带炒青绿茶，其因色泽澄绿如碧，外形蜷曲如螺， 采于早春， 故此得名。碧螺春成茶条索纤细，卷曲成螺，白毫隐翠，香气浓郁，滋味鲜醇甘厚，汤色碧绿清澈，叶底嫩绿明亮。此外，由于碧螺春茶树与果树间种，所以碧螺春茶叶有特殊的花果香。

“碧螺春”名称的由来

从清代王应奎所著的《柳南随笔》可知：碧螺春本是产于太湖洞庭山上的一种野茶，并不受人们重视。一次，有一人采茶后，因茶筐已满装不下，就将茶置于怀中，谁知此茶竟忽发异香，使得采茶人惊呼“吓煞人香”。康熙帝南巡太湖时，见到此茶，闻其香气芬芳，入口味醇回甘，观之碧绿清澈，便爱不释手。他听其名为“吓煞人香”后，觉茶名不雅，便赐名为“碧萝春”。此后因其形如卷螺，世人便称之为“碧螺春”。

庐山云雾是产于江西省庐山的一种条形炒青绿茶。其成茶条索圆直，紧结重实，饱满秀丽，色泽碧嫩光滑，芽长毫多，叶色翠绿，汤色明绿，香气芬芳，滋味鲜爽醇甘，叶底嫩绿微黄，柔软舒展。

松萝茶是产于安徽省休宁城北松萝山一带的条形炒青绿茶。其成茶条索紧卷匀壮，色泽绿润，香气高爽，有橄榄香，汤色绿明，滋味浓厚，叶底嫩绿。

◎ 松萝茶

珠茶是主要产于浙江绍兴、嵊州、上虞、新昌、余姚、奉化、东阳等县的细圆颗粒状炒青绿茶。其成茶形似珍珠，色泽绿嫩，香气高纯，汤色黄绿明亮，滋味浓醇，叶底柔软舒展，经久耐泡。

◎ 珠茶

竹叶青是产于四川省峨眉山市以及周围地区的扁形炒青绿茶。其成茶条索扁直，两头尖细，形似竹叶，香气高鲜，滋味醇浓，汤色清明，叶底嫩绿。

● 烘青绿茶

烘青绿茶是将鲜叶杀青、揉捻后利用炭火或烘干机烘干的绿茶，如黄山毛峰、信阳毛尖、六安瓜片、太平猴魁、敬亭绿雪等茶。

黄山毛峰是产于安徽省黄山市黄山风景区和毗邻地区的条形烘青绿茶。其成茶外形似雀舌，白毫显露，色如象牙，鱼叶金黄，清香持久，汤色清澈明亮，滋味醇厚甘甜，叶底嫩黄匀整，肥壮成朵。泡好的黄山毛峰芽叶直竖悬浮，继而徐徐下沉，即使茶凉，仍有余香。

◎ 黄山毛峰

信阳毛尖，又称“豫毛峰”，是产于河南省信阳西南山一带的针形烘青绿茶。其成茶外形细、圆、光、直，色泽翠绿，白毫遍布，有兰花香且香高持久，汤色明亮清澈，滋味浓醇，叶底嫩绿明亮、匀齐。

◎ 信阳毛尖

六安瓜片是产于安徽省六安、金寨、霍山等地的片形烘青绿茶。其成茶呈瓜子形单片状，自然伸展，叶绿微翘，色泽宝绿艳丽，清香持久，汤色清澈透亮，滋味鲜醇。

◎ 六安瓜片

太平猴魁是产于安徽省黄山市黄山区的一种尖形烘青绿茶。其成茶外形两叶抱芽，扁平挺直，叶色苍绿匀润，白毫隐伏，叶脉绿中隐红，茶汤清绿，香气高爽，滋味甘醇爽口。

◎ 太平猴魁

敬亭绿雪是产于安徽省宣城市北敬亭山的烘青绿茶。其成茶形似雀舌，挺直饱润、肥壮，色泽嫩绿，白毫似雪，嫩香持久，汤色清澈明亮，滋味甘醇。

● 蒸青绿茶

蒸青绿茶是利用蒸汽将鲜叶杀青、蒸软，然后揉捻、干燥而成的绿茶，如湖北恩施玉露茶、仙人掌茶、阳羡茶等。

恩施玉露，又称“玉绿”、“玉露茶”，是产于湖北省恩施五峰山一带的针形蒸青绿茶。其成茶外形如松针，条索紧细圆直，白毫显露，色泽苍翠润绿，汤色清澈明亮，香气清鲜，滋味醇爽，叶底嫩绿匀整。

仙人掌茶，又称“玉泉仙人掌茶”，是产于湖北省当阳玉泉山一带的扁形蒸青绿茶。其成茶扁平似掌，色泽翠绿，白毫披露，清香雅淡，汤色嫩绿清澈，茶汤中芽叶舒展，似朵朵莲花悬于水中，滋味鲜醇爽口。

阳羡茶是产于江苏宜兴的唐贡山、南岳寺、离墨山、茗岭等地的蒸青绿茶。其成茶条形紧直，色翠显毫，清香淡雅，汤色清澈，滋味鲜醇，叶底匀整。

● 晒青绿茶

晒青绿茶是将鲜叶杀青、揉捻后直接用日光进行晒干的绿茶。其原料较粗老，加工也比较粗糙，一般作为沱茶、紧茶、饼茶等紧压茶的加工原料。晒青绿茶的产区遍布云南、贵州、四川、广东、广西、湖南、湖北、陕西、河南等省，产品有滇青、黔青、川青、粤青、桂青、湘青、鄂青、陕青、豫青等，其中以用云南的大叶种茶所制作的晒青绿茶——滇青最为著名。

滇青是采用云南大叶种茶树的鲜叶，经杀青、揉捻后用太阳晒干而成的优质晒青绿茶。其成茶条索粗壮肥硕，白毫显露，色泽深绿油润，香味浓醇，汤色黄绿明亮，叶底肥厚。

【红茶】

红茶是经过完全发酵的茶叶，是鲜叶采摘后经萎凋（将采下的鲜叶按一定厚度摊放，通过晾晒，使鲜叶呈萎蔫状态）、揉捻、发酵、干燥等工序而制成的茶。红茶色泽乌润，香气清醇，冲泡后汤色红艳，茶味醇芳。红茶性温和，具有提神醒脑、止痰止咳、醒酒解腻、消食、生津止渴、明耳目、降血脂、增强血液循环、消除疲劳等功效，适用于外感风寒、消化不良、风寒咳嗽、精神抑郁、高脂血症等病症。

红茶的种类较多，产地较广，按照加工的方法与茶形，可分为三大类：小种红茶、工夫红茶和红碎茶。

● 小种红茶

小种红茶属于烟熏红茶，其制造有萎凋、揉捻、转色、过红锅、复揉、薰焙、复火等工序，其中薰焙是小种红茶特有的干燥方式，也是形成小种红茶品质的关键工序。小种红茶是福建省的特产，有正山小种和

正山小种红茶的传说

据传说，明末清初，当时的茶农为了躲避当时相互交战的清兵和明朝军队，往往工作到一半就得进山躲避，等军队过去后才能回来继续制作。由于采下来的茶青没有时间用传统的方式在阳光下干燥，于是为了加快干燥只好采取人工方式，将茶叶放在劈开的竹节上，在底下燃烧松枝或柏叶用烟熏干，这就使得正山小种带有醇厚的烟香，这是其他红茶所没有的特色。

◎ 正山小种红茶

外山小种之分。正山小种产于福建武夷山市星村镇桐木关一带，也称“桐木关小种”。而福建政和、坦洋、古田、沙县等地所产的仿正山品质的小种红茶，统称为“外山小种”。正山小种红茶，条索肥壮，紧结圆直，色泽褐红，香气高爽，有浓郁的松烟香，汤色深红而亮度不够，滋味浓而甘爽，似桂圆汤味。

● 工夫红茶

工夫红茶是我国特有的红茶品种，是由小种红茶演变而来，因其制作工艺精细而得名。工夫红茶按其品种的不同可分为大叶工夫茶和小叶工夫茶。大叶工夫茶是以乔木或半乔木茶树鲜叶制成，小叶工夫茶是以灌木型小叶种茶树鲜叶为原料制成的。工夫红茶条索紧细匀直，色泽黑褐润泽，香气馥郁，汤色红艳明亮，滋味甘鲜醇厚。

工夫红茶的主要品种有祁门红茶、滇红、川红、宁红等。

祁门红茶是产于安徽省祁门、东至、贵池、石台、黟县等地的工夫红茶，为工夫红茶中的珍品。其成茶条索紧细，色泽乌润，香气清新，似蜜糖香，又带有兰花香，汤色红艳明亮，滋味甘鲜醇厚，叶底嫩软红亮。

◎ 祁门红茶

◎ 川红

川红，又称“川红工夫”，是产于四川省宜宾、筠连、高县、珙县等地的工夫红茶。其成茶细嫩显毫，色泽乌黑油润，带有橘香，汤色红艳明亮，滋味鲜醇爽口。

滇红，又称“云南工夫红茶”，是产于云南澜沧江沿岸的临沧、保山、思茅、西双版纳、德宏、红河等地的工夫红茶。其成茶条索紧直肥硕，色泽油润，金毫显露，香气馥郁，汤色红艳透明，滋味醇厚甘甜，叶底红匀明亮。

宁红是产于江西省修水、武宁、铜鼓等县的工夫红茶，因修水古称“义宁州”，故称“宁红”。其成茶条索圆直，紧结秀丽，金毫显露，色泽油润，香气醇美持久，汤色红艳光亮，杯边显金圈，滋味醇厚浓郁，叶底红嫩多芽。

◎ 红碎茶

● 红碎茶

红碎茶，又称“分级红茶”、“红细茶”，其成茶外形颗粒紧细，片茶呈皱褶状，末茶呈沙粒状，叶茶条索紧卷。干茶色泽乌润，香气持久，汤色红艳明亮，滋味浓厚鲜爽。红碎茶主要产于云南、广东、海南、广西、贵州、湖南、四川、湖北、福建等地区，其中以云南、广东、海南、广西用大叶种茶鲜叶为原料制成的茶品质较好。

【乌龙茶】

乌龙茶，又称“青茶”，是介于绿茶和红茶之间的半发酵茶，呈紫褐色，有“绿叶红镶边”；冲泡后汤色黄亮，茶味醇厚香甜。乌龙茶的采制特点是采摘一定成熟度的鲜叶，经萎凋、做青、杀青、揉捻、干燥后制成，形成其品质的关键工序是做青。做青分为摇青和晾青两个过程。在摇青过程中，叶片因膨胀摩擦而饱含水分和香味物质，呈饱胀状态，称为“还青”。摇青之后进入晾青，晾青又称“等青”、“摊青”，在此过程中，叶片继续蒸发水分，叶片又呈凋萎状态，称为“退青”。在做青过程中，叶片的绿色逐渐变淡，边缘部位渐呈红色。通过多次摇青和晾青，当叶子呈现边缘红，中间青，叶脉透明，外观硬挺，手感柔软，散发出馥郁的桂花香或兰花香时，做青工序便完成了。乌龙茶性温而不寒，具有消

◎ 品饮乌龙茶

食解腻、解酒补气、提神清脑、减肥健美、利尿消肿、健脾利湿、降血压、降血脂、抗癌抗病毒等功效，适用于肥胖症、高血压、高血脂、营养不良性水肿、湿气伤脾、肢体困倦、脾胃虚寒等病症。

乌龙茶按照地域的不同，可分为闽北乌龙茶、闽南乌龙茶、广东乌龙茶和台湾乌龙茶等。

◎ 闽北水仙

● 闽北乌龙茶

闽北乌龙茶主要产于福建的崇安（除武夷山外）、建瓯、建阳、水吉等地。其做青时发酵程度较重，揉捻时无包揉工序，因而条索壮结弯曲，干茶色泽较乌润，香气为熟香型，汤色橙黄明亮，叶底三红七绿，红镶边明显。闽北乌龙茶根据品种和产地的不同，有闽北水仙、武夷岩茶等。

◎ 大红袍

闽北水仙为闽北乌龙茶中的主产品，主要产于福建省建瓯、建阳、武夷山等地。其成茶条索紧结沉重，叶端扭曲，色泽砂绿（似青蛙皮绿而有光泽）、油润，叶底柔软，绿叶红边，汤色清澈橙黄，滋味醇厚甘甜，无苦涩感，香气浓郁，有兰花香。

◎ 水金龟

武夷岩茶是产于闽北武夷山的名茶，具有绿茶之清香，红茶之甘醇，是乌龙茶中的极品，品种包括大红袍、肉桂、铁罗汉、水金龟、白鸡冠等，多随茶树产地、生态、形状或色香味特征取名。其中最负盛名的当数“大红袍”。武夷大红袍因嫩芽的紫红色似红袍颜色而得名。其是武夷岩茶中的珍品，为武夷“四大名枞”之首。大红袍成茶色泽绿褐，汤色橙黄，香气馥郁，味胜幽兰，耐冲泡，久泡仍有花香。武夷肉桂，又称“玉桂”，其成茶条索紧结卷曲，色泽褐绿，茶汤香气馥郁持久，有清雅的肉桂香，滋味醇厚甘甜，汤色橙黄。铁罗汉属武夷岩茶中的珍品，为武夷“四大名枞”之一，采制工艺与“大红袍”相似。其成茶条索紧结，色泽绿褐鲜润，叶片红绿相间，典型的叶片有“绿叶红镶边”的美感，汤色橙黄明亮，香气馥郁，有兰花香，耐冲泡。水金龟也属武夷岩茶中的珍品，为武夷“四大名枞”之一。水金龟条索肥壮，色泽绿褐，有油润感，香气幽长，有梅花香，汤色橙黄清澈，滋味浓厚甘醇。白鸡冠芽叶奇特，叶色淡绿，绿中带白，芽叶弯弯又毛绒绒的，形态酷似白锦鸡头上的鸡冠，故此得名。白鸡冠也属武夷岩茶中的珍品，为武夷“四大名枞”之一。其制成的茶叶色泽米黄呈乳白，汤色橙黄明亮，香气浓郁。

“铁观音”名称的由来

清代中期，在安溪县尧阳松岩村有个老茶农叫魏荫，他精于种茶又信奉佛教，拜奉观音。他每天早晚一定会在观音座前敬奉一杯清茶，数十年从未间断过。有一天晚上他做了一个梦，梦见自己扛着锄头准备下地耕作。当他来到一条小溪旁，突然发现在石头缝中有一棵茶树长得非常茂盛，而且芳香诱人，和自己家中的茶树完全不同。于是第二天他就顺着昨天梦见的道路一路寻找，真的在溪边的石头缝隙里找到了梦中所见的那棵茶树。他仔细看看，发现叶片呈椭圆形，而且叶肥肉厚，嫩芽青翠带紫。魏荫见后非常高兴，便将这棵树移植到自己的一口小铁鼎里精心培育，果真制出上等好茶。由于他认为这棵树是观音托梦才寻得的，于是便取名“铁观音”。

闽南乌龙茶

闽南乌龙茶主要产于福建南部安溪、永春、南安、同安等地。茶叶经晒青、做青、杀青、揉捻、毛火、包揉、再干制成。其外形多为球形，香气浓郁，带有花香，汤色为金黄或清黄色。闽南乌龙茶名品较多，如铁观音、黄金桂、永春佛手等。

◎ 铁观音

铁观音主要产于福建省安溪西坪乡一带。其成茶条索卷曲，肥壮圆结，沉重匀整，色泽砂绿，形状似蜻蜓头或螺旋体，汤色金黄浓艳似琥珀，有天然馥郁的兰花香，滋味醇厚甘鲜。铁观音为乌龙茶中的极品，以其香高韵长、醇厚甘鲜的品格驰名中外。

黄金桂，又名“黄旦”、“透天香”、“黄金贵”，主要产于福建省安溪县虎邱乡，其因汤色呈金黄色且有浓郁的桂花香而得名。黄金桂条索紧细，色泽金黄油润，香气持久，有桂花香，汤色金黄明亮或浅黄明澈，滋味醇细鲜爽，叶底柔软明亮，中间为黄绿色，边缘为朱红色。

◎ 黄金桂

永春佛手，又名“香橼种”、“雪梨”，是产于福建省永春的乌龙茶，其因形似佛手而得名。永春佛手条索卷结，形如海蛎干，粗壮肥重，色泽乌润砂绿，香味浓锐，汤色橙黄，滋味甘厚，叶底黄绿明亮。

广东乌龙茶

◎ 凤凰单枞

广东乌龙茶主要产于汕头地区的潮安、饶平、丰顺、蕉岭、平远、揭东、揭西、普宁、澄海以及惠阳地区的东莞等地。广东乌龙茶名品较多，如凤凰单枞、岭头单枞等。

凤凰单枞是乌龙茶中的极品，主要产于广东省潮安县凤凰山区。其成茶挺直肥厚，色泽黄褐，香气浓烈，有天然花香，汤色清澈，滋味甘醇爽口，叶底青绿镶红，耐冲泡。

岭头单枞，又称“白叶单枞”，主要产于广东省饶平县岭头村一带，是广东乌龙茶中的极品。其成茶条索弯曲，色泽黄褐，香高浓郁，有花蜜香，汤色橙红明亮清澈，滋味醇爽，叶底笋色红边且明亮。

◎ 包种茶

台湾乌龙茶

台湾乌龙茶产于我国台湾，其条形卷曲，呈铜褐色，茶汤橙红，滋味纯正，有浓烈的果香，叶底边红腹绿。台湾乌龙茶按发酵程度的轻重主要有包种茶、冻顶乌龙和白毫乌龙三类。

包种茶是目前台湾生产的乌龙茶中数量最多的，它的发酵程度是所有乌龙茶中最轻的，品质较接近绿茶，外形呈直条形，色泽深翠绿，带有灰霜点，汤色蜜绿，香气浓郁，有兰花清香，滋味醇滑甘润，叶底绿翠。

◎ 冻顶乌龙茶

冻顶乌龙茶主要产于台湾南投县鹿谷乡的冻顶山，它的发酵程度比包种茶稍重。其成茶外形为半球形，紧结匀整，色泽青绿，略带白毫，有浓郁的兰花香和熟果香，汤色金黄中带绿意，滋味甘醇浓厚，叶底翠绿，略有红镶边，耐冲泡。

白毫乌龙，又名“膨风茶”、“香槟乌龙”或“东方美人”，是台湾独有的名茶，为台湾乌龙茶中发酵程度最重的一种，而其鲜叶的嫩度却是乌龙茶中最嫩的。白毫乌龙的茶芽肥壮，白毫明显，茶条较短，色泽呈红、黄、绿、白等色，汤色呈鲜艳的橙红色，香气浓郁，有花果香，滋味醇滑甘爽。

【黑茶】

黑茶是一种完全发酵茶，由于其制茶所用原料粗老，加之制茶过程中堆积发酵时间较长，以致茶叶色呈暗褐，故称为“黑茶”。黑茶冲泡后为黄褐色茶汤，滋味浓醇甘甜，香气馥郁。黑茶生产历史悠久，其工艺流程包括杀青、揉捻、渥堆、干燥等工序，其中最重要的工序是渥堆。渥堆时，要将初揉后的茶坯立即堆积起来，堆高约1米，上面加盖湿布、麻布等物，以保温保湿，待茶叶的颜色由绿转变为黄、栗红或栗黑后，摊开晾干，如此，渥堆工序便完成了。此外，黑茶有的是干坯渥堆变色，如湖北老青茶和四川边茶等；有的采用湿坯渥堆变色，如湖南黑茶和广西六堡茶。黑茶具有解油腻、助消化、除腹胀、醒酒、降血压、降血脂、降胆固醇、生津止渴、预防龋齿、减肥健美、利尿消肿、防癌抗癌、预防心血管疾病等功效，适用于风寒感冒、动脉硬化、食欲不振、维生素缺乏症、肥胖症、高血压、高血脂、脾胃虚寒等病症。

黑茶按地域分布的不同，主要可分为云南普洱茶、湖北老青茶、湖南黑茶、四川边茶、广西六堡茶等。

◎ 普洱散茶

● 云南普洱茶

云南普洱茶是产于云南省思茅、西双版纳、昆明和宜良地区的条形黑茶。普洱茶可根据其外形的不同分为散茶、饼茶、沱茶、砖茶、金瓜贡茶等。

普洱散茶是指未经压形的普洱茶，制成后的散茶条索粗壮肥大，色泽褐红油润，香气持久，带有云南大叶种茶的独特香气，汤色红浓明亮，滋味醇厚回甜，叶底褐红柔软。

普洱饼茶，又称“七子饼茶”，是一种外形扁平呈圆盘状的普洱茶。其每七块茶饼为

◎ 普洱饼茶

“普洱茶”名称的由来

清乾隆年间，普洱城内有一大茶庄，庄主姓濮，祖传几代都以制茶售茶为业。这一年，又到了岁贡之时，濮氏茶庄的团茶被普洱府选定为贡品，于是少庄主与普洱府罗千总一起进京纳贡。这年的春雨时断时续，毛茶没完全晒干，就急急忙忙压饼、装驮。当时从普洱到昆明的官道要走十七八天，从昆明到北京足足要走三个多月，从春天到夏天，总算在限定的日期前赶到京城。濮少庄主一行在京城的客栈住下之后，小心地打开竹箬茶包，发现所有的茶饼都因为霉变而变色了。两人本来打算自杀谢罪，幸好一个店小二喝了此茶，觉得滋味很好，于是一行人斗胆把霉变后的茶饼呈了上去。恰巧这天正是各地贡茶齐聚、斗茶赛茶的吉日，喜好品茶、鉴茶的乾隆帝轮番欣赏着全国各地送来的贡茶，突然间，他眼前一亮，发现有一种茶饼圆如三秋之月，汤色红浓明亮，犹如红宝石一般，一嗅闻，醇厚的香味直沁心脾，喝一口，绵甜爽滑。乾隆大悦道：“此茶何名？滋味这般的好。”又问：“何府所贡？”太监忙答道：“此茶为云南普洱府所贡。”“普洱府，普洱府……此等好茶居然无名，那就叫普洱茶吧。”自此以后，便有了“普洱茶”。

◎ 普洱茶山

一筒，每块净重七两，七七四十九，代表多子多孙。普洱饼茶有青饼（生茶）和熟饼之分。青饼是以云南大叶种高中档晒青毛茶为原料而制成的饼茶，色泽乌润有白毫，香味纯正，冲泡后的茶汤色泽橙黄，滋味醇和。熟饼是以云南大叶种普洱茶为原料制成的饼茶，其成茶色泽红褐，芽毫金黄，香气陈浓而纯香，冲泡后的茶汤色泽深红，滋味醇厚香浓。

◎ 普洱沱茶

普洱沱茶是用云南大叶种晒青茶制作而成，经蒸压成型后，从上面看形似圆面包，从底下看中间下凹，形似厚壁碗。其成茶色泽褐红，有浓厚的陈香，汤色红浓，滋味醇和回甜，愈久愈醇。

普洱砖茶是以云南大叶茶品的种普洱茶为原料，精制后经蒸压做形、烘干而成，呈长方形砖块状。其成茶色泽褐红，有浓郁的陈香，汤色红亮，滋味醇和。

◎ 普洱砖茶

金瓜贡茶，又称“团茶”、“人头贡茶”，是普洱茶中独有的一种紧压茶，因其形似南瓜，且存放数年后会变成金黄色，故得名“金瓜”；又因早年此茶专为上贡朝廷而制，故得名“金瓜贡茶”。金瓜贡茶条索紧结重实，色泽褐红或黑褐，香气浓郁纯正，汤色金黄润泽，滋味醇厚柔滑。

● 湖北老青茶

湖北老青茶是产于湖北赤壁、咸宁、通山、崇阳等地的条形黑茶。老青茶又分为“面茶”和“里茶”，“面茶”是鲜叶经过杀青、初揉、初晒、复炒、复揉、渥堆晒干而制成；“里茶”则是由鲜叶经过杀青、揉捻、渥堆、晒干而制成。老青茶紧结壮实，色泽墨绿油润，清香持久，有水蜜桃香，汤色橙黄明亮，滋味醇和鲜爽，叶底橙黄肥软。

◎ 湖北老青茶

● 湖南黑茶

湖南黑茶是产于湖南省的各种黑茶的统称，主要产区在湖南省安化县一带。其成茶条索卷折，呈泥鳅状，色泽油黑，汤色橙黄，有醇厚的烟香味，叶底黄褐。湖南黑茶还有经蒸压后做成砖形的产品，包括黑砖茶、花砖茶、茯砖茶等。

◎ 黑砖茶

黑砖茶外形呈长方形砖块状，色泽黑褐，香气纯正略带松烟香，汤色橙黄明亮，滋味醇和略涩，叶底黄褐均匀。

花砖茶，又称“花卷”、“千两茶”，由于砖茶四面有花纹，故此得名。花砖茶色泽黑褐，香气纯正，汤色红黄，滋味浓厚微涩，叶底老嫩匀称。

茯砖茶砖面平整，厚薄一致，棱角分明，色泽黑褐或黄褐，内质香气纯正，汤色红黄明亮，滋味醇厚无涩味，叶底黑褐均匀。此茶内生黄色霉菌，称为“金花”，品质以金花较多者为上品。

● 四川边茶

四川边茶，又称“四川黑茶”，是产于四川的黑茶的统称，其分“南路边茶”和“西路边茶”两类。南路边茶主要产于四川雅安、天全、荥经等地，是专销藏族地区的一种紧压茶。南路边茶原料粗老并包含一部分茶梗，其成茶现分为康砖、金尖两个花色。康砖茶品质较高，香气纯正，汤色红黄，滋味醇浓；金尖茶品质较次，色泽棕褐，香气平和，汤色黄红，滋味醇和，叶底暗褐粗老。西路边茶是四川都江堰、崇庆、大邑一带生产的紧压茶，用竹包包装。其原料比南路边茶更为粗老，色泽枯黄，稍带烟焦气，汤色红黄，滋味醇和，叶底黄褐。

◎ 四川边茶

● 广西六堡茶

广西六堡茶是原产于广西苍梧六堡乡的一种黑茶。其色泽黑褐光润，有独特的槟榔香气，汤色红浓明亮，滋味甘醇爽口，叶底呈红褐色。六堡茶成品一般采用传统的竹篓包装，有利于茶叶贮存时内含物质的继续转化，使滋味更醇、汤色更深、陈香显露。为了便于存放，人们也将六堡茶成品压制成块状、砖状、金钱状、圆柱状以及散装等。

◎ 广西六堡茶

【黄茶】

黄茶是先利用高温处理新鲜茶后，闷堆发黄精制而成。黄茶冲泡后，为黄叶黄汤，味醇鲜爽，香气持久。黄茶与绿茶制作工艺相似，区别在于揉捻前或揉捻后，或在初干前或初干后进行闷黄。闷黄是黄茶加工的特点，是形成黄茶“黄叶黄汤”品质的关键工序。闷黄时要将杀青或揉捻或初烘后的茶叶趁热堆积，使茶叶在湿热作用下逐渐黄变。黄茶性平和，具有提神醒脑、消除疲劳、消食化滞、保护脾胃、杀菌消炎、减肥健美、防癌抗癌等功效，适用于消化不良、食欲不振、肥胖症、食道癌等病症。

黄茶根据鲜叶原料的嫩度和大小分为黄芽茶、黄小茶和黄大茶三类。

黄芽茶

黄芽茶是采摘最为细嫩的单芽或一芽一叶制作而成的，其单芽挺直，冲泡后芽尖均朝上，直立悬浮于杯中，有很强的欣赏性。黄芽茶的主要品种包括君山银针、霍山黄芽、蒙顶黄芽等。

君山银针主要产于湖南省君山，因茶叶形细如针，故得名。其成茶芽壮挺直，长短大小均匀，内呈橙黄色，外裹一层白毫，故有“金镶玉”之称；冲泡后的茶叶全部浮在水面，继而徐徐下沉；汤色杏黄明亮，滋味鲜醇干爽，茶香四溢，叶底黄亮匀齐。

◎ 君山银针

君山银针的传说

君山银针原名为“白鹤茶”，相传在初唐的时候，有一位名为白鹤真人的云游道士从海外仙山归来，带来了八株神仙所赐的茶苗。他将这些茶苗种在了君山岛上，然后又在岛上修起了白鹤寺，并在寺中挖了一口白鹤井。白鹤真人取白鹤井水冲泡仙茶，只看到杯中升起了一股白雾，袅袅上升，白雾中有一只仙鹤飘然飞去，便将此茶命名为“白鹤茶”。后来有人将此茶传到了长安，深得皇帝的喜爱，就将白鹤茶和白鹤井水定为贡品。有一年，在进贡的途中，船过长江的时候，风浪过大，将船上的白鹤井水打翻了，押船的官员就取江水鱼目混珠。到了长安后，将茶和水敬奉给皇帝。皇帝在泡茶的时候发现没有白鹤升天的奇景，心中很是纳闷，随口说了一句：“白鹤居然死了！”谁知金口一开即为玉言，从此以后白鹤井的井水就真的枯竭了，甚至连白鹤真人也不知所踪，只有白鹤茶流传了下来，这便是君山银针茶。

霍山黄芽是产于安徽省霍山县的直条形黄芽茶。其成茶条直微展，匀齐成朵，形似雀舌，细嫩多毫，叶色嫩黄，汤色黄绿清澈，香气持久，有板栗香，滋味浓醇，叶底嫩黄明亮。

◎ 霍山黄芽

蒙顶黄芽是产于四川省蒙山地区的扁直形黄芽茶。其成茶形状扁直，芽叶匀整，白毫明显，色泽黄润，甜香浓郁，汤色黄绿明亮，滋味浓郁甘醇，叶底全芽，嫩黄匀齐。

◎ 蒙顶黄芽

● 黄小茶

黄小茶，又称“芽茶”，以细嫩的一芽一叶和一芽二叶初展制成，其条索细紧显毫，汤色杏黄明净，滋味醇爽，叶底嫩黄明亮。黄小茶的主要品种有平阳黄汤、远安鹿苑、沩山毛尖、北港毛尖等。

平阳黄汤，又称“温州黄汤”，是产于浙江省平阳、泰顺、瑞安、永嘉等地的条形黄小茶。其成茶条形细紧纤秀，色泽黄绿多毫，香气清芬，汤色橙黄鲜明，滋味鲜醇爽口，叶底芽叶匀齐成朵。

◎ 平阳黄汤

远安鹿苑，又称“鹿苑茶”、“鹿苑毛尖”，是产于湖北省远安鹿苑寺一带的条形黄小茶。其成茶条索呈环状，色泽金黄，白毫显露，香气馥郁芬芳，汤色黄绿明亮，滋味醇厚甘凉，叶底嫩黄匀整。

沩山毛尖是产于湖南省宁乡县西部沩山的黄茶。其成茶外形微卷成块状，色泽黄润，白毫显露，松烟香浓郁，汤色橙黄透亮，滋味醇爽，叶底黄亮嫩匀。

北港毛尖是主要产于湖南省岳阳市北港和岳阳县康王乡一带的条形黄茶。其成茶芽壮叶肥，毫尖显露，色泽金黄，香气清高，汤色橙黄，滋味醇厚，叶底黄亮，肥嫩似朵。

● 黄大茶

黄大茶，又称“叶茶”，是以一芽二三叶至四五叶为原料制成的，其叶肥梗粗，梗叶相连，色泽金黄油润，有高嫩的焦香，汤色深黄显褐，滋味浓厚醇和，叶底黄中显褐。黄大茶的主要品种有广东大叶青、皖西黄大茶等。

广东大叶青是产于广东省韶关、肇庆、佛山、湛江等地的长条形黄大茶。其成茶条索肥壮，紧结重实，芽毫明显，色泽青润带黄，香气纯正，汤色橙黄明亮，滋味浓醇，叶底淡黄。

皖西黄大茶，又称“霍山黄大茶”，主要产于安徽霍山、金寨、六安、岳西等地。其成茶梗壮叶肥，叶片成条，梗部似鱼钩，色泽金黄油润，有高嫩的焦香，汤色深黄显褐，滋味浓醇，叶底绿黄，叶质柔软厚实。

◎ 广东大叶青

【白茶】

白茶是表面披满白色茸毛的轻微发酵茶，主要产于福建省的福鼎、政和、松溪、建阳等地。白茶成茶芽毫完整，满身披毫，色白润泽，高香馥郁，汤色淡黄清澈，滋味鲜醇回甘。白茶的制作一般只有萎凋、干燥两道工序，只需将采下的新鲜茶叶薄薄地摊放在竹席上，置于微弱的阳光下或通风透光效果好的室内，让其自然萎凋，待晾晒至七八成干时，再用文火慢慢烘干即可。白茶味温性凉，具有解酒醒酒、清热明目、润肺利喉、生津止渴、开胃消食、消炎解毒、降压减脂、消除疲劳等功效，适用于高血压、肥胖症、消化不良、麻疹等病症。

白茶可按照其茶树品种、鲜叶采摘的不同，分为芽茶和叶茶两大类。

● 芽茶

芽茶是以茶树的肥壮芽头制成的毛茶，主要品种为白毫银针。

白毫银针，又称“银针白毫”、“白毫”，是产于福建福鼎、政和的一种针状白芽茶，因单芽披满银白色茸毛、状似银针而得名。白毫银针色白，有光泽，香气清鲜，汤色浅黄，滋味鲜醇爽口。白毫银针因产地和茶树品种不同，又分北路银针和南路银针两个品目。北路银针产于福建福鼎，茶树品种为福鼎大白茶。其外形优美，芽头壮实，毫毛厚密，色泽光亮，香气清淡，汤色杏黄清澈，滋味醇和。南路银针产于福建政和，茶树品种为政和大白茶。其外形粗壮，芽长，毫毛略薄，光泽不如北路银针，但香气较浓郁，滋味醇厚。

◎ 白毫银针

白毫银针的传说

相传很多年前，福建政和一带闹瘟疫，百姓无药医治。有人说在洞宫山上的一口井旁有几株仙草，草汁能治百病，于是就有很多人前去寻找仙草，但都有去无回。当地有三兄妹，大哥、二哥商量好后也去找仙草，后来也没了音讯，小妹便接着出发去找仙草。她在路上遇到一位老者，老人告诉她仙草就在山上，上山时只能向前不能回头，否则采不到仙草，并送给她一块烤糍粑。小妹一口气爬到半山腰，只见满山乱石，阴森恐怖，忽听身后一声大喊："你敢往上闯！"她刚要回头，突然看到哥哥们变成的石像，就忙用糍粑塞住耳朵，不闻一切，坚决不回头，终于爬上了山顶，找到了仙草。她又用井水浇灌仙草，采下种子下了山。后来她将这些种子种在了山坡上，便长出了满坡的茶树，制成了名茶"白毫银针"。

◎ 白毫银针茶

● 叶茶

叶茶是以茶树的一芽二、三叶或单片叶制成的毛茶，主要品种有白牡丹、贡眉、新白茶等。

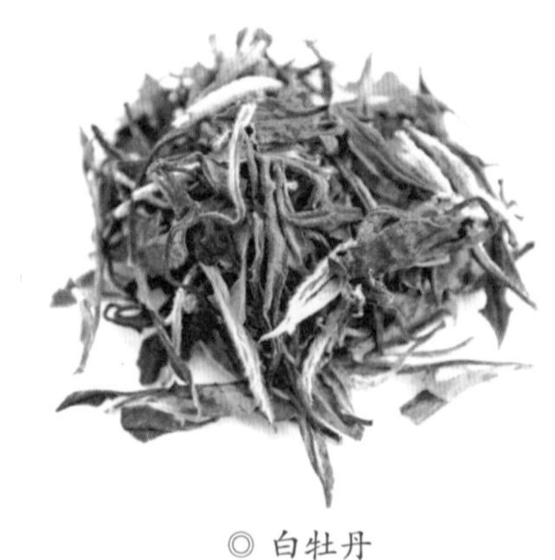
◎ 白牡丹

白牡丹是产于福建建阳、政和、松溪、福鼎等县的叶状白芽茶，因绿叶中夹杂着银白色的毫芽，形似花朵，冲泡后绿叶托着嫩芽，犹如初开的白色牡丹花而得此名。其成茶条索肥壮，叶面色泽深灰绿或暗青苔色，叶背遍布白色茸毛，香气清高悠长，汤色杏黄清澈，滋味鲜醇甘爽，叶底肥厚嫩匀。

◎ 贡眉

贡眉是产于福建建阳、建瓯、浦城等地的白叶茶，是白茶中产量最高的一种。其成茶色泽翠绿，白毫明显，香气清爽，汤色呈橙色或深黄色，滋味醇美，叶底柔软鲜亮。

新白茶，又称“新工艺白茶”，是产于福建省福鼎的半条形的白叶茶。其成茶呈半卷条形，色泽暗绿带褐色，香气清淡，汤色橙红，滋味浓醇清甘，叶底青灰带黄，筋脉带红。

【花茶】

花茶通常指的是利用茶善于吸收异味的特点，将有香味的鲜花和新茶放在一起窨制而成的茶。此类花茶使用的茶叶称为“茶坯”，以绿茶为多，少数为红茶或乌龙茶。窨制花茶既保留了浓郁的茶香，又兼有鲜花的芬芳，冲泡后茶味醇正，花香馥郁，滋味香甜可口。常见的窨制花茶有茉莉花茶、珠兰花茶、桂花茶等。

◎ 毛峰茉莉

茉莉花茶是将茶叶和茉莉鲜花进行拼和、窨制而成的。茉莉花茶根据茶坯的不同，可分为不同种类，如龙井茉莉花茶、毛峰茉莉等。龙井茉莉是以龙井茶为茶坯，配以茉莉花窨制而成的。其外形条索紧结，色泽偏嫩黄色，带浓郁茉莉花香气，汤色黄亮，滋味甘醇爽口。毛峰茉莉是以黄山毛峰为茶坯，配以优质茉莉鲜花窨制而成的。其成茶条索紧秀，平直细嫩，白毫隐露，色泽绿润，汤色淡黄，香气鲜爽，花香味协调。常饮茉莉花茶，具有提神醒脑、安心宁神、安定情绪、清热降火、除烦、利肠胃、治疗慢性支气管炎、缓解头痛腹痛、活血散瘀、调经止痛等功效。

◎ 珠兰花茶

珠兰花茶是我国主要花茶品种之一，常以高档烘青、炒青绿茶作为茶坯，用珠兰花或米兰花窨制而成。其成茶条索扁平，光滑匀整，挺直尖削，色泽深绿油润，香气清鲜馥郁，汤色清澈黄亮，滋味浓醇甘爽，叶底嫩匀肥壮。珠兰花茶主要产于安徽歙县、福建漳州、广东广州以及浙江、江苏、四川等地。珠兰花茶具有祛风、活血、止痛、杀虫、明目、利小便等功效。

◎ 桂花茶

桂花茶是由精制茶坯与鲜桂花窨制而成的一种名贵花茶。桂花茶因茶坯的不同，可分为不同的品种，如桂花烘青、桂花乌龙等。桂花烘青是桂花茶中的主要品种，以广西桂林、湖北咸宁产量最大。其主要以精制的烘青绿茶为茶坯，成茶条索紧细匀整，色泽墨绿油润，花如叶里藏金，色泽金黄，香气浓郁持久，汤色绿黄明亮，滋味醇香，叶底嫩黄明亮。桂花乌龙产于福建安溪，主要以优质乌龙茶为茶坯，其成茶条索粗壮重实，色泽褐润，香气高久，滋味醇厚回甘，汤色橙黄明亮，叶底深褐柔软。桂花茶具有温补阳气、美白肌肤、排解体内毒素、止咳化痰、养生润肺、通气和胃等功效，适用于阳气虚弱型高血压病、头晕、畏寒肢冷、皮肤干燥、上火发炎、胃寒胃疼、十二指肠溃疡等病症。

◎ 金银花

此外，除了窨制花茶，人们也经常会直接用花、草等植物的花或叶来泡茶，如金银花、洛神花、红花、百合、迷迭香、玉兰花、蒲公英、紫罗兰、益母草、甜叶菊、洋甘菊等。

◎ 洛神花

金银花为忍冬科植物所开的花，其泡制的茶是一种新兴的养生茶，茶汤芳香、甘凉可口，常饮此茶，有防暑降温、润肺化痰、清热解毒、通经活络、补血养血、护肤美容、抗衰老等功效。

洛神花，又称“玫瑰茄”， 味微酸，性寒凉，具有清热消暑、生津解渴、振奋精神、益心养气、解毒利尿、防治心血管疾病、防癌抗癌、活血补血、减肥瘦身等功效。

◎ 红花

红花，又称“草红”、“刺红花”、“杜红花”、“金红花”等，为菊科植物红花的管状花。红花具有活血化淤、降胆固醇等功效，常用来治疗冠心病、心绞痛等疾病。

百合为百合科草本球根植物，其花、鳞状茎皆可入药。其具有清肺润燥、生津止渴、润肤美颜、清心安神、养阴清热、利大小便等功效，适用于失眠多梦、口舌干燥、虚烦惊悸等病症。

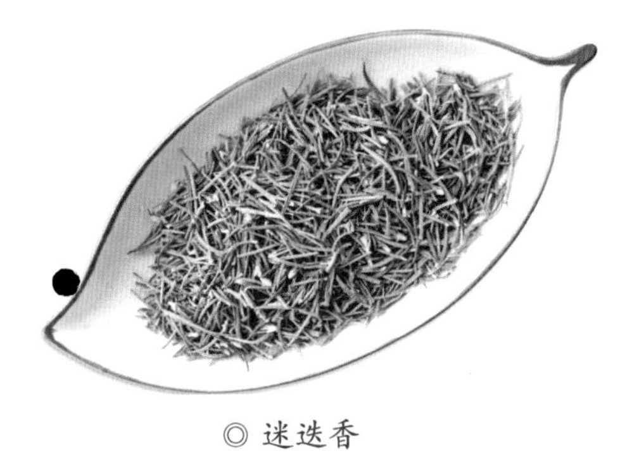

迷迭香为常绿灌木，叶片可发散松树香味，味辛、微苦，常饮用其泡制的茶，具有消除胃气胀、增强记忆力、提高注意力、提神醒脑、减轻头痛、治疗风湿痛、降低血糖、治疗动脉硬化、促进血液循环、刺激毛发再生等功效。

◎ 迷迭香

玉兰花为木兰科落叶乔木玉兰的花，其性温、味辛，具有祛风散寒、通肺理气、通窍通鼻、养颜抗皱、淡化色斑等功效，适用于头痛、鼻塞、急慢性鼻窦炎、过敏性鼻炎、血瘀型痛经等症。

◎ 蒲公英

蒲公英为菊科多年生草本植物，性平，味甘微苦，具有清热解毒、消肿散结、利尿利胆、消炎止痛、祛斑美容等功效，适用于上呼吸道感染、乳痈肿痛、胃炎、痢疾、肝炎、胆囊炎、急性阑尾炎、泌尿系统感染、急性乳腺炎、疔毒疮肿、急性结膜炎、急性扁桃体炎等多种疾病。

紫罗兰为多年生草本植物，味甘而甜，具有清热解毒、除皱消斑、润泽肌肤、祛痰止咳、润喉润肺、缓解疲劳、助伤口愈合、调理气血、降脂减肥、治疗呼吸道疾病等功效。

益母草味辛微苦，性微寒，具有活血调经、行血散瘀、利尿解毒、益精明目等功效，适用于女性月经不调、经痛、产后腹痛、子宫内膜炎、水肿、尿血、大小便不畅等症。

甜叶菊为多年生草本植物，味甘、性凉，具有消除疲劳、降血糖、助消化、养阴生津、滋养肝脏、养精提神等功效，适用于胃阴不足、口干口渴、高血压、糖尿病、肥胖症、消化不良等病症。

洋甘菊为一年生或多年生草本植物，味微苦、甘香，具有宁心静神、清肝明目、增强记忆力、降血压、降低胆固醇、祛痰止咳、止痛、润肺、润泽肌肤、治疗便秘、调理肠胃等多种功效。

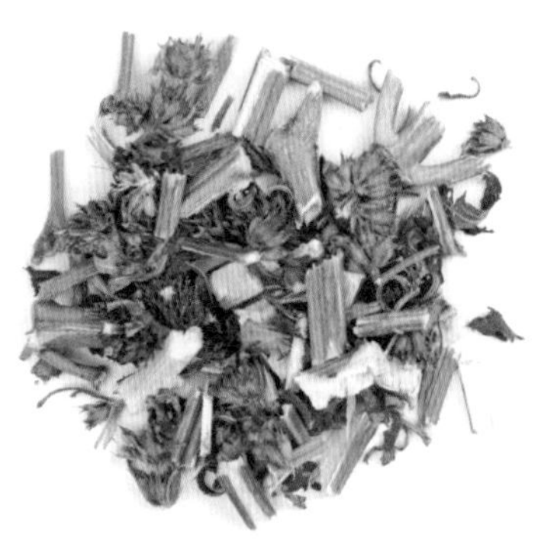

◎ 益母草

◎ 甜叶菊

第三章 养生茶的选择和饮用

养生茶的茶材种类繁多，特别是作为主要茶材的茶叶，更是每种茶的性味、功效都不尽相同。因此，时常饮茶者，应根据自己的身体素质、嗜好、体质、健康状况以及季节等情况，酌情选择适当品类的茶，并采用适当的泡茶方法饮茶，才能达到养生保健的功效。

根据季节选茶

【春主生发，喝花茶可解春困】

春季风和日丽、万物复苏，是阳气生发的季节，也是所有生物茁壮生长的时期。因此，春季适宜喝具有生发性质的花茶。这类茶芳香四溢、茶味香韵，可以消除冬季时积存在体内的湿邪，生发人的阳气，疏肝利胆、疏通经脉、提神醒脑、防治“春困”。除了用茉莉花等窨制的花茶以外，还可用金银花、玫瑰花、菊花、枇杷花等作为茶材饮用。其中，菊花具有养肝平肝、清肝明目、祛湿降火、疏风清热、利咽消肿、抑制病菌、降血压、利气血、润肌肤、养护头发等功效，特别适宜春季饮用。枇杷花气味香甜，性微温，具有止渴下气、止吐逆、润喉、润肺、化痰止咳、清火解热等功效，适用于治头痛、伤风、鼻流清涕、精神不振等症。

◎ 菊花

【夏季炎热，喝绿茶可消酷暑】

夏季天气炎热、万物茂盛，人的心火容易过旺，因此适宜饮用茶性清苦、带有清凉性质、除烦解暑的茶。此外，夏季炎热，人体消化功能不强，因此也需要饮用一些调理肠胃、清热解毒的养生茶。常饮用的是可消暑降温的绿茶，如碧螺春、龙井茶、庐山云雾、黄山毛峰、信阳毛尖、南京雨花茶、六安瓜片等。绿茶性寒，滋味甘香，能生津止渴，又能止汗，是夏季消暑降温的良品。此外，盛夏季节，也以喝热茶为好，原因有：热茶有促进汗腺分泌的作用，使大量水分通过皮肤表面的毛孔渗出体外，以达到散热降温的目的；热茶汤中含有的茶多酚（或只能溶于热水中的茶多酚、咖啡因结合而成的复合物）、糖类、氨基酸等，可与唾液发生反应，使口腔得以滋润，产生清凉的感觉；溶于热茶中的咖啡因，可刺激肾脏促进排尿，有利于热量散发和污物排出，从而达到降低体温及解毒的目的。除此之外，常用的茶材还有可消暑降温的薄荷、苦丁、淡竹叶、芦荟、牡丹皮等。

◎ 有消暑作用的绿茶

【秋季干燥，喝乌龙茶可润肺】

秋季秋高气爽、万物萧条、天气干燥，人体转入收敛阶段，容易出现“秋燥”。该季节的养生茶茶性应沉稳、收敛，作用以滋阴润肺、润燥生津为主。常饮用的是乌龙茶，如武夷岩茶、安溪铁观音、凤凰水仙、台湾乌龙茶等。乌龙茶辛凉甘润，有清热去燥的香韵，可润肤益肺，生津润喉。另外，常用的茶材有杏仁、贝母、竹茹、胖大海、罗汉果、桔梗、半夏等，而且由于秋季盛产水果，可将水果入茶饮用，常用的水果有金橘、香蕉、苹果、菠萝、雪梨等。

◎ 武夷肉桂

【冬季苦寒，喝红茶可御寒】

冬季天寒地冻、霜雪相加，人体阳气减弱，阴气转盛，养生应以“藏”为主。这个季节可以饮用具有温中散寒、滋补性质的养生茶。常饮用的是红茶，如祁门红茶、红碎茶、宁红茶、滇红茶等。红茶红汤红叶，叶甘性温，可养人体的阳气，给人以温暖之感。红茶又适宜加奶、加糖，添芝麻，调蜂蜜，既能生热暖腹，又能增添营养，有益身体。此外，最好饮用保存较好的3年以上的红茶，此茶寒性、火性俱无，芳香可口，醇厚顺滑，暖胃生津，饮之最佳。除此之外，常用的茶材还有天门冬、葛根、柴胡、人参、冬虫夏草、杜仲、灵芝、麦冬、黄芪、红枣等。

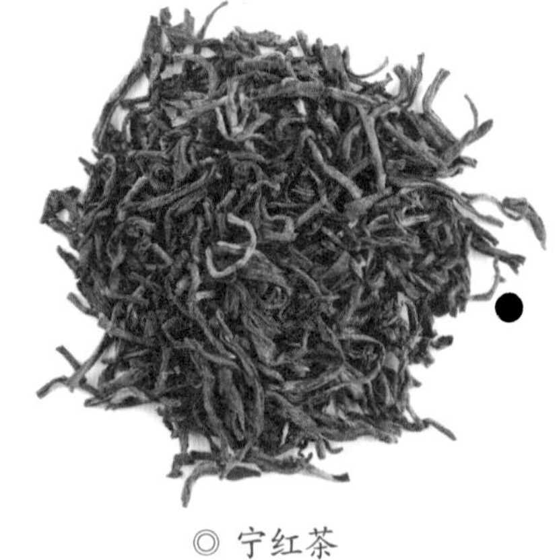

◎ 宁红茶

根据人群选茶

养生茶虽然疗效显著、老少皆宜，但由于不同年龄、对象、性别、习惯的人群身体特点不一样，所以需要依照实际情况有选择性地饮用，这样才能越喝越健康。

【青少年适合喝的去火茶】

青少年正处于发育旺盛期，容易上火、烦躁，最好喝一些具有去火

◎ 各种绿茶

降燥功效的养生茶，如绿茶。绿茶具有消热、去火、降燥、生津、解毒、强心提神等功效，且绿茶没有经过发酵，较好地保留了茶叶中的多酚类化合物、维生素、氨基酸、矿物质等营养物质，长期饮用既可清火气、除烦躁、增强思维能力、提高免疫力，又可增添营养。但需要注意的是，青少年饮茶量不宜多，多则会使体内水分增多，加重心肾负担；不宜浓，浓则使青少年高度兴奋、心跳加快而引起失眠，导致消耗过多的养分而影响生长发育。

【老年人适合喝的延年益寿茶】

老年人身体机能慢慢退化，适宜饮用茶性较温和的花茶、红茶、普洱茶等，既可减少茶汤对肠胃的刺激，也有抗衰延寿的作用。老年人饮茶的原则以“扶正固本”为主，除了上述茶外，还可选用具有补气养生功效的中药材，如灵芝、人参、冬虫夏草、淮山药、松子等。灵芝、人参、冬虫夏草都是滋补身体的高级营养品，具有益气强身、抗衰延寿的功效。淮山药具有补脾养胃、生津益肺、补肾涩精、除寒热邪气的功效，久服可延年益寿。松子被誉为“长生不老果”，具有补血润燥、补肾益气、滋润肌肤、防治心脑血管等功效，久服可强身健体、延年益寿。

此外，需要特别注意的是，如果饮茶过多过浓会伤害身体，这一点对于老年人保护身体健康尤为重要。对老年人来说，特别是60岁以上的老年人，饮茶切忌过量过浓，因为摄入较多的咖啡因等，可出现失眠、耳鸣、眼花、心律不齐、大量排尿等症状。部分老年人，随着年龄的增加，心

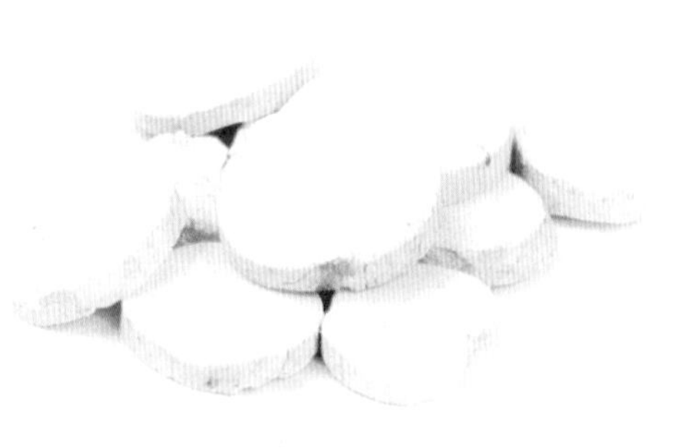

◎ 淮山药

◎ 松子

肺功能有不同程度的减退，如果短时间内大量饮茶，较多的水分被胃肠吸收后进入人体的血液循环，可使血容量突然增加，加重心脏负担，有时会出现心慌、气短、胸闷等不舒服的感觉；如老人原有冠心病、心病等，过量饮茶，严重时可诱发心力衰竭或使原有心衰加重。因此，患有心脏类疾病的老人，饮茶宜温宜清淡，晚上最好不饮茶，晚饭后以喝白开水为好。

【女性适合喝的养血茶】

女性经常会出现脸色差、脸上长斑、月经失调、痛经等症状，这就需要女性多喝些具有行气活血、化瘀、调和脏腑的花茶。除了窨制的花茶外，常用的茶材还有桃花、玫瑰花、桂花等。桃花具有疏通脉络、润泽肌肤、改善血液循环、调节经血等功效，可预防黄褐斑、雀斑、黑斑、脂溢性皮炎、坏血病等，是行气活血、美容养颜的佳品。玫瑰花具有通经活络、活血散瘀、助消化、去脂肪、调经止痛、养颜美容、调和脏腑等功效，可改善女性脸色、祛斑、缓解痛经等。桂花具有生津健胃、助消化、活血益气、化痰止咳、美容养颜等功效，可排出体内毒素、美白肌肤以及缓解经闭腹痛等。

尽管多喝茶有很多益处，但茶并不是每个时段都能喝的，尤其是女性更要特别注意，以免身体越喝越差！女性较不宜喝茶的时期有生理期、怀孕期、临产期、哺乳期等。生理期时，经血会消耗掉不少体内的铁质，经期和经期后，需要吃含丰富铁质的食物，如菠菜、葡萄、苹果等，而

◎ 玫瑰花

◎ 桂花

浓茶中含有大量鞣酸，其会妨碍肠黏膜对铁质的吸收，使女性出现缺铁性贫血的症状。怀孕期时，茶叶中的咖啡因会对胎儿产生不良刺激，此外，茶叶中的咖啡因会诱发妊娠中毒症。临产期时，咖啡因的兴奋作用会引起失眠、心悸，若临产前睡眠不足，会令体质下降，分娩时出现精疲力竭、阵痛无力等情况。哺乳期时，若饮用大量的茶，茶中高浓度的鞣酸会被肠黏膜吸收，进而影响乳腺的血液循环，会抑制乳汁的分泌，造成奶水分泌不足；茶中的咖啡因通过乳汁被宝宝吸入后，可使其呼吸、肠胃等未发育完全的器官兴奋，从而使其出现呼吸加快、胃肠痉挛、无故哭闹、少眠等症状。

【体力劳动者适合喝的强身茶】

体力劳动者因消耗过多的体力、精力，常会产生体力不支、疲惫不堪、身体虚弱等症状。这类人应适当多饮一些具有消除疲劳、滋补强身的养生茶，除了茶叶以外，常用的茶材有何首乌、菟丝子、西洋参、枸杞子等。何首乌具有养血益肝、固精益肾、健筋骨等功效，是强身的良品。菟丝子具有滋补肝肾，防治腰膝酸软等功效，对消除身体疲劳、强健身体有很好的效果。西洋参，又称“花旗参”，是人参的一种，具有补气养阴、泻火除烦、清热生津、滋补强身、抗疲劳、抗氧化、降低血液凝固性等功效。枸杞子为茄科植物宁夏枸杞的干燥成熟果实，味甘，性平和，具有补肝益肾、补气强精、提高免疫力、抗脂肪肝、调节血脂和血糖、促进造血功能、延年益寿、抗肿瘤等功效，可有效缓解身体疲劳。

◎ 何首乌

◎ 菟丝子

【熬夜族适合喝的提神茶】

经常熬夜的人应喝一些具有提神醒脑功效的茶。大多数茶都具有提神醒脑的作用，但其中效果更好、更迅速的要数薄荷茶、五味子茶、迷迭香茶、玫瑰花茶等养生茶。薄荷具有很强的兴奋大脑的作用，能促进血液循环，提神醒脑。五味子具有提神醒脑、补肾益肝的作用，对于四肢无力、困乏等症状具有很好的调节作用。迷迭香富含香精油，具有很好的提神效果。玫瑰花有浓郁甜美的香气，具有舒压醒脑的功效，可迅速消除身体疲劳，振奋精神。

【电脑族适合喝的防辐射茶】

电脑族是经常在电脑前工作或娱乐的一类人。电脑辐射常会对他们的身体健康造成威胁，这一点已经引起越来越多的人的重视。电脑族可以经常饮用一些具有抗电脑辐射功效的养生茶，如绿茶、白菊花茶等，以减少电脑辐射对身体的危害。绿茶具有很强的抗氧化作用，能够分泌出对抗紧张压力的荷尔蒙，可抵抗电脑辐射，排除体内毒素。白菊花具有很强的排毒作用，能迅速排出体内毒素，使有害辐射和放射性物质随人体代谢排出体外。

◎ 白菊花茶

根据体质选茶

不是喝茶就能起到养生的功效，只有喝对茶才会达到祛病保健、养生延寿的目的。因为人的体质不同，适宜选用的养生茶种类也不同，只有选择适合自己体质的茶材才能充分发挥其功效，给健康加分，否则可能适得其反。中医学将人的体质分为寒、热、虚、实四大类，这四大类又具体分为平和体质、气虚体质、阳虚体质、阴虚体质、痰湿体质、湿热体质、血瘀体质、气郁体质、特禀体质九小类。

【平和体质】

平和体质的人的基本特质是：体形匀称，性格开朗、随和；面色红润，头发稠密有光泽，精力充沛，不易疲劳，耐受寒热；睡眠、胃口好，大小便正常，适应能力强，患病少。这类体质的人对于养生茶的种类没有特殊要求，可随意选择。

【气虚体质】

气虚体质的人的基本特质是：体形胖瘦皆有，性格内向、胆小懦弱；呼吸浅短，平时喜欢安静，不爱说话，讲话声音低弱，容易出虚汗，经常感到乏力，头昏心跳，面色萎黄，食欲不振，舌质淡、苔薄白等。这类体质的人适宜选用具有益气健脾功效的养生茶，适宜的茶材有人参、黄芪、山药、白术、红枣、甘草等。其中的白术具有健脾和胃、补中益气、

◎ 多种养生茶材

化痰止汗等功效，适用于浑身乏力、食欲不振、脾虚气弱、水肿自汗等症。红枣是生活中常见的保健食品，用它泡茶喝，具有消除疲劳、补虚益气、养血安神、滋润皮肤、减少老年斑、健脾胃、补气养血、补充钙质、治疗肝硬化、防止脱发、防治心血管疾病、防治失眠、防腹泻等功效。

【阳虚体质】

阳虚体质的人的基本特质是：多白胖，肌肉不壮，性格沉静、内向；畏寒，四肢冰凉，头晕盗汗，腰酸腿软，咳喘身肿，爱喝热饮，进食冷饮会感到不舒服；精神不振，睡眠偏多，常腹泻，男性阳痿早泄，女性白带清稀，尿清长，舌苔薄白。这类体质的人适宜选用具有温补肾阳功效的养生茶，适宜的茶材有冬虫夏草、人参、核桃、肉桂、姜、花生等。其中的冬虫夏草是一种传统的名贵滋补中药材，具有补虚损、益精气、止咳化痰、抗疲劳、振奋精神、调节免疫系统功能等多种功效，适用于虚喘、嗜睡、腹泻、自汗盗汗、阳痿遗精、腰膝酸痛等病症。

【阴虚体质】

◎ 黑芝麻

◎ 黑豆

阴虚体质的人的基本特质是：体形多瘦高，易心浮气躁；经常感觉身体、脸上发热，皮肤偏干燥，易生皱纹，午后易潮热，经常感到手脚心发热，喜冷饮而不解渴；口干咽燥，盗汗，失眠多梦，遗精，尿黄短少，大便秘结，舌绛无苔。这类体质的人适宜选用具有滋阴清热、生津润燥功效的养生茶，适宜的茶材有百合、芝麻、黑豆、西洋参等。其中的芝麻是胡麻的籽种，以其泡茶饮用，具有补肝益肾、养发乌发、强健身体、抗衰老、养血润燥、润肠通便等功效，适用于肝肾不足所致的视物不清、腰酸腿软、耳聋耳鸣、头发枯燥、头发脱落、头发早白、眩晕、眼花、皮肤干燥粗糙、大便燥结等症。黑豆是一种营养丰富的谷物，其常可用于泡茶，具有降低胆固醇、增强肌体活力、补肾益阴、健脾利湿、祛痰止喘、排毒减肥、美容养颜、明目乌发、防大脑老化、预防便秘等诸多功效。

【痰湿体质】

痰湿体质的人的基本特质是：形体肥胖，多“将军肚”；面色淡黄，血脂增高，手足心潮湿多汗，口黏多痰，眼泡微浮，常感到肢体沉重、身体困倦、胸闷，舌苔厚。这类体质的人适宜选用具有健脾、化痰、除湿功效的养生茶，适宜的茶材有陈皮、红豆、薏苡仁、荷叶等。陈皮，又称“橘皮”，为柑橘的外皮，味苦、甘，具有柑橘的香气。陈皮具有

◎ 薏苡仁

◎ 荷叶

◎ 车前草

助消化、清热化痰、消滞健胃、健脾、解油腻等功效。薏苡仁，又称“薏仁”、“薏米”等，以其泡茶喝，具有健脾渗湿、除痹止泻、补气、利肠胃、消肿、除胸中邪气等功效，适用于水肿、脚气、小便不利、湿痹拘挛、脾虚泄泻、肺肿喘急等症。荷叶为睡莲科植物莲的叶子，味苦、性平，具有清热解毒、止汗除湿、减肥降脂、降血脂、降低血液中的胆固醇等功效，适用于潮湿多汗、脂肪肝、肥胖症、浑身无力等病症。

【湿热体质】

湿热体质的人的基本特质是：体形偏胖，急躁易怒；面部油光发亮，易生痤疮、粉刺、酒糟鼻等，口中常干苦、口臭或嘴里有异味，易心烦困倦、眼睛发红，常大便不畅，小便灼热，尿浓黄短少，女性常带下色黄，男性阴囊总是潮湿多汗。这类体质的人适宜选用具有清热利湿功效的养生茶，适宜的茶材有紫苏叶、冬瓜、马齿苋、绿豆、车前草、半边莲、板蓝根等。其中的紫苏叶具有补中益气、益脾胃、化痰利肺、清热散湿、散寒解表、静心除烦、止咳、安胎、解毒等多种功效，适用于脾胃气滞、胸闷、大小便不畅等病症。车前草为多年生草本植物，具有清热利尿、渗湿止泻、明目、祛痰等功效，适用于小便不利、水肿胀满、暑湿泻痢、目赤等病症。

【血瘀体质】

血淤体质的人的基本特质是：体形偏瘦，易烦躁，健忘，多病；面色晦暗，口唇发紫，皮肤粗糙，有淤青、淤斑或者出现色素沉淀，常带黑眼圈，刷牙时牙龈易出血。这类体质的人适宜选用具有行气活血功效的养生茶，适宜的茶材有山楂、陈皮、桃、玫瑰花、川芎等。其中的山楂常切成片用于泡茶喝，有时它和茶叶或花茶一起冲泡，有时只冲泡山楂，其具有镇静、利尿、消食化积、降血糖、降血压、活血化瘀、改善肤色、防治动脉硬化、增强机体免疫力、防老抗癌等功效。中药材川芎是植物川芎的根茎，其味辛、性温、香气浓烈，具有活血化瘀、祛风止痛、抑制病菌、行气补血等功效。

◎ 山楂片

【气郁体质】

气郁体质的人的基本特质是：体形瘦弱，性格内向、敏感多疑、多愁善感，心性不坚；易惊恐，常有胸肋胀痛、胸闷、心慌、心悸的感觉；爱叹气，咽喉部常有异物感，食欲不振，女性经前有明显的乳房胀痛感，易失眠。这类体质的人适宜选用具有疏肝解郁功效的养生茶，适宜的茶材有茉莉花、菊花、玫瑰花、绿萼梅、荞麦等。其中的绿萼梅具有疏肝解郁、醒脾、理气和中、化痰散结等功效，适用于胁肋胀痛、胸闷心悸、食欲不振、失眠多梦等症。荞麦具有理气解郁、调理肠胃等功效。

◎ 菊花

【特禀体质】

特禀体质，又称“过敏体质”，是一种容易发生过敏反应的体质，造成过敏体质的原因很多，过敏原也丰富多样，如鱼过敏、虾过敏、桃过敏、小麦过敏、鸡蛋过敏、花生过敏等。特殊的体质给人们的生活和工作带来了诸多不便，而经常饮用一些具有特殊功效且可提高免疫力的养生茶，对于改善过敏体质具有很大帮助，适宜的茶材有金银花、绿豆、鱼腥草、黄芪、仙鹤草、金线莲等。其中的鱼腥草叶有腥气，具有清热解毒、排脓消痈、抗菌抗病毒、提高身体免疫力、利尿消肿等功效。中药材黄芪为豆科草本植物蒙古黄芪、膜荚黄芪的根，味甘，性微温，具有补气固表、利水退肿、生肌、降压、杀菌消毒、抗衰老等功效。

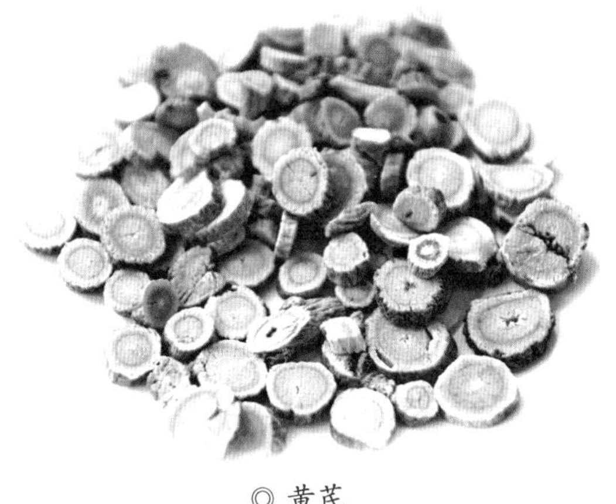

◎ 黄芪

不宜饮茶或少饮茶的几类人

饮茶有益健康，但是如何根据身体状况科学饮茶，是大有讲究的。一般认为，以下几种人不宜饮茶或少饮茶。

一、严重动脉硬化、心动过速者。这类人在饮茶时应慎重，因为茶中含有茶碱、咖啡因等活性物质，对中枢神经有明显的兴奋作用，会使心跳加快、血管收缩，可能会有促使心脏病发作或加重病情、升高血压、增加血栓形成的潜在危险。

二、孕妇。一般认为，茶叶中的咖啡因对胎儿生长发育会有影响。日本科学家研究表明，若是孕妇每日饮5杯浓茶，将会导致出生婴儿体重不足。另外，咖啡因和茶碱会使孕妇心跳加快，排尿增加，加重孕妇的肾脏负担，容易诱发妊娠中毒症。

三、胃溃疡患者。因为茶作用于胃黏膜后可促使胃酸分泌增多，尤其是对十二指肠溃疡患者，这种作用更为明显。胃酸分泌过多，便抵消了抗酸药物的疗效，不利于溃疡的愈合，甚至加重病情并产生疼痛等症状。因此，胃溃疡患者宜少饮茶，更不宜饮浓茶。

四、肝、肾病患者。茶中咖啡因要经过肝脏、肾脏新陈代谢，对肝、肾功能不全的人来说，不利于肝、肾脏功能的恢复。

五、神经衰弱、甲状腺功能亢进、结核病患者。因为茶中的咖啡因能引起基础代谢增高，使病情加剧。

◎ 绿茶茶样、茶汤

养生茶材的挑选

养生茶材种类较多，下面主要以茶叶为例，介绍一些常用的挑选方法。

一、干燥度。用手捏起一小撮茶叶，轻轻用力揉捏，若是很容易碎，说明其十分干燥，可购买；若难以揉碎，则说明其可能已受潮或干燥度不够，这样的茶叶含水量较高，不仅会影响茶水的色、香、味，而且易发霉变质，不宜购买。

二、外观颜色。茶叶的外形和颜色也是挑选时的重要指标，比如白毫乌龙表面应带有一点油光色，龙井茶呈剑形，铁观音呈球形，红茶则

◎ 条形红茶

◎ 叶质细嫩的白毫银针

多为细条形或碎形。若茶叶色泽发枯发暗发褐，表明茶叶内质有不同程度的氧化，这种茶往往是陈茶，不宜购买；如果茶叶片上有明显的焦点、泡点（黑色或深酱色斑点）或叶边缘为焦边，说明茶质较差，不宜购买；若茶叶色泽花杂，颜色深浅反差较大，说明茶叶中夹有黄片、老叶甚至有陈茶，这样的茶质量也较差，也不宜购买，而茶梗、黄叶、老叶、碎末越少的茶叶则质量越好，宜购买。

三、嫩度。鉴别茶叶的嫩度主要看芽头（芽尖和白毫）多少、叶质老嫩、条索的光润度及峰苗（用嫩叶制成的细而有尖峰的条索）的多少。一般而言，以芽头多、峰苗多、叶质细嫩者为好，而次质茶叶一般芽头少或没有，茶叶外形粗糙，叶质老。

四、净度。茶叶的净度主要是通过茶叶中的茶梗、籽、片、末等的含量和非茶类杂质的有无来鉴别的。一般而言，洁净、无茶梗、无非茶类杂质者为上品，含有少量的茶梗或少许茶籽、碎末者则较劣质。

五、气味。气味也是购买时需要注意的一点。每种茶叶直接闻起来的味道都是不一样的，比如绿茶是清香，红茶是焦糖香，乌龙茶是水果香，而且质量越好的茶叶，香味越浓郁扑鼻。如果茶叶闻起来有明显的霉味、熏味、怪味，最好不要购买。此外，也可用口嚼和冲泡的方式分辨茶的好坏，若口嚼后的茶和冲泡后的茶水有浓郁的茶香或一股青涩气，则为好茶，若香气淡薄或有一股发陈的气味，则为陈茶或劣质茶。

◎ 散发着焦糖香的滇红茶

◎ 黄山毛峰“茶舞”

◎ 以茶养生

六、赏“茶舞”、看茶色。“茶舞”指的是茶叶在冲泡时随着沸水翻滚的动作。除采摘时为细嫩芽叶的茶叶（如乌龙茶、龙井茶等）在沸水中舒展较快外，一般品质较好的茶叶在沸水中是缓慢舒展的，若茶叶舒展过快则品质较差。看茶色指的是鉴别茶汤色，一般而言，若汤色明亮、纯净透明、无混杂，则说明茶叶鲜嫩，加工充分，水中浸出物多，质量好，而汤色灰暗、混浊、无光泽的茶则属劣质茶。

七、品茶。条件允许的话，可要求店家提供试饮，从而通过茶汤的滋味来鉴别茶叶的品质。品尝时，口含少量茶汤，用舌头细细品味，从而辨别出滋味的浓淡、强弱以及鲜爽、醇厚或苦涩等。一般来说，以少苦涩、味醇甘滑、回味无穷者为上品。此外，倒掉杯中茶汤后，若杯底还留有余香者也证明其是上品。

八、看包装。在选购茶叶时要注意其包装，按照国家有关规定，合格的茶叶包装上应该明确标明品名、重量、生产日期、有效期、生产厂家、产地等。若没有这些详细信息，最好不要购买。

茶叶类茶材的保存方法

养生茶材保存的好与坏直接影响着茶材的品质，尤其是茶叶类茶材，因为茶叶很容易吸收水分和异味而导致变质。下面主要就茶叶介绍一下保存方法。

一、存储材料。保存茶叶的器物不能选择塑料罐和玻璃罐，因为塑料罐的异味会被茶叶吸收，而玻璃罐无法阻隔光线，光线中的紫外线和热能会让茶叶变质、营养素流失。保存茶叶的器物以锡瓶、瓷坛为最佳，也可选用不锈钢罐、铁罐、木盒、竹盒、防潮纸袋等。

◎ 青花山水纹瓷坛

二、密封保存。茶叶和空气直接接触，易被空气中的氧所氧化，从而容易失去原有的味道，并容易变质，因此，茶叶应密封保存。

三、置于阴凉处。高温或阳光直射，会破坏茶叶中的有效成分，并使茶叶的色泽、味道发生变化，所以茶叶必须存放在不透明的器物中，并置于阴凉处。

四、防潮防异味。茶叶非常容易吸收水分和异味，故茶叶应保存在干燥通风的地方，避免接近厨房、卫生间等湿气较重的地方；茶叶附近不适宜放置具有强烈气味的物体，如香皂、香水、樟脑丸、杀虫剂、香精油、洗发水等；不同种类、不同级别的茶叶也不能混在一起保存，否则会串味。

五、注意卫生。从存储茶叶的器物中取用茶叶时不宜直接用手抓，而应该用干净的勺子作为专用取茶器。此外，要注意茶叶存储器物的洁净以及不要置于不洁净的地方。

养生茶的饮用方法

养生茶最常见的饮用方法有三种：冲泡法、煎煮法和调制法。冲泡法是最常见且最便捷的饮用方法，只需将准备好的茶材放入茶壶中，再用烧开的水冲泡，盖上壶盖闷几分钟，就可以饮用了。本法适用于具有止痛、止泻明目、发汗等功效，且挥发性强的茶材，如茶叶、花茶及部分中药材等。但是，冲泡时需要着重注意冲泡时间，因为冲泡时间是影响养生茶功效的重要因素，如茶叶类茶材冲泡 3 ~ 4 分钟后，茶叶内的

◎ 冲泡法

◎ 煎煮法

◎ 调制法

维生素、咖啡因、氨基酸等营养物质已融入茶水中；到 5 ~ 6 分钟时，茶叶中的茶多酚等物质也融入茶水中，因此此时是饮用的最佳时间。一般来说，较老的茶叶，冲泡时间可以适当延长一些，新茶的冲泡时间则宜短。

煎煮法也是一种较常用的养生茶饮用方法。将茶材放入大茶壶或沙锅中，用火熬煮 10 ~ 30 分钟，随后滤去茶材，取茶水饮用。本法适用于直接冲泡药效不佳、药性较重的中药材等茶材。部分水果如苹果、桃子也适用于本法，不过煎煮时间应控制在 3 ~ 5 分钟。

调制法适用于部分水果及需研磨成粉状服用的茶材。先将茶材泡好，等茶汤放凉后，再加入要泡饮的水果或茶末，这样可以避免水果及茶末的养分流失。

冲泡法和煎煮法都很注重水温，因为水温直接影响着养生茶养分的析出。在冲泡或煎煮的过程中，不同的茶材对于水温的要求有所不同：重发酵茶、五谷类和中药材类对于水温的要求最高，比如乌龙茶、铁观音、武夷茶、绿豆、当归、杜仲、红花等需要 100℃的沸水才能使养分或药效充分析出，有的还需要煎煮；轻发酵茶和完全发酵茶，如包种茶、白毫银针及红茶类，冲泡的水温要求煮沸后降到 85℃以下，这样才能使茶的养分充分析出；未发酵茶和部分花茶、水果茶对于水温的要求没那么高，比如碧螺春、龙井茶、茉莉花茶、苹果、葡萄等，只需将水煮沸后凉到 70 ~ 80℃，便能保留住

◎ 茉莉花茶的水温只需 70 ~ 80℃

◎ 可用凉水冲泡的薰衣草茶

茶材中的维生素 C、叶绿素等营养素，如果水温过高，茶汤容易味苦，色泽也不佳；紫色系的花茶和有些花瓣薄、颜色深的花茶也可以用凉水冲泡，这样泡出的茶色泽艳丽，不易变色，花香味经久不散，比如薰衣草、玫瑰花等。

选择适合养生茶的茶壶茶杯

不同种类的养生茶选择的茶壶与茶杯是不同的，其中茶叶类对茶壶与茶杯的要求最高，中药材类次之，五谷水果类最低。

一般而言，香气重、发酵度低的茶，如绿茶、白茶等适宜选择硬度较高的茶壶茶杯，如瓷质茶具、玻璃茶具；口感醇厚、发酵度高的茶，像乌龙茶、黑茶等适宜选择硬度较低的茶壶茶杯，如陶质茶具、紫砂茶具。此外，花茶选用的茶壶多是腹部大、颈

◎ 青瓷茶具

口小的陶瓷壶或玻璃壶，这类壶可以最大限度地留住花香；茶杯多选用玻璃杯，这样花茶的汤色在透明的杯中更显清澈明亮，增添饮茶的情趣。

中药材类养生茶以陶壶、沙锅或耐高温的玻璃壶冲泡为佳，最好不要选择铁壶，因为药材中的某些成分容易与铁发生化学反应，降低药效。选择茶杯时，多选择能保温的陶瓷茶杯。

五谷水果类养生茶对于茶壶与茶杯并无特殊要求，可以按自己的喜好随意挑选。

养生茶的饮用原则

尽管饮用养生茶好处很多，是人们养生保健的好方法，但是也需要遵循一定的原则，并要了解一些注意事项。

一、饮用宜忌。在饮用养生茶，尤其是以中药材配制的养生茶时，要注意饮食宜忌，否则轻者可能无养生效果，重者可能伤身或中毒。比如在饮用何首乌茶时，应该忌食萝卜、葱蒜等；在饮用人参茶时，忌食萝卜；在饮用甘草茶时，忌食鲤鱼。具体的宜忌可以在购买茶材时向药

◎ 甘草茶

店医师详细咨询。

二、饭前饭后。饭前饭后半小时内最好不要饮茶。饭前半小时内由于空腹、血糖低，饮茶容易出现一些不适，如头晕、心悸、呕吐等；也会冲淡唾液和影响胃液分泌，进而影响食物的消化和吸收。饭后饮杯茶，虽有助于消食去脂，但不宜饭后立即饮茶，因为茶叶中含有较多的鞣酸，它与食物中的铁质、蛋白质等会发生化学反应，使铁质、蛋白质凝固，从而影响人体对铁质和蛋白质的吸收。

三、中药材养生茶饮用原则。饮用中药材养生茶除了要根据自己的体质和病症外，还应注意以下三点：病情较轻者应以少量多次为饮用原则；病情较重者，剂量可以较大，一天可饮用 2 ~ 3 次；饮用之前了解中药材的药效、禁忌等。

四、忌吃海鲜。如果进餐时吃了大量富含钙、磷等成分的鱼、虾、蟹、贝等海鲜食物，那么在进食过程中和用餐前后 4 小时内都不要喝茶，以免茶中的草酸和钙、磷等发生反应，生成草酸钙，长期下去会形成结石。

五、服药时忌饮。在服用药物前后 1 ~ 2 小时内忌饮养生茶，更忌用茶水服药，以免扰乱药性，影响药效。尤其是服用中药土茯苓、威灵仙、使君子、人参和治疗贫血的铁剂、补血糖浆以及阿托品、麻黄碱、多酶片时，更应该注意不要喝茶，以免影响药效，产生腹痛、腹泻等不适症状。此外，服用镇静、催眠类药物时，也不能用茶水服用。

◎ 枸杞菊花茶

◎ 普洱茶茶样、茶汤

六、不喝烫茶、浓茶。饮用过烫的茶水会刺激咽喉、食道、胃等，若伤及了胃壁会影响消化系统。最适宜饮用的茶水温度为50℃左右。茶水过浓会引起头痛、头晕、失眠等症，此外，茶叶中富含氟元素，过量地饮用浓茶则会摄入过量的氟，可引起肠道疾病、减弱肌肉弹性，损伤肾功能，损坏牙齿，甚至对骨质产生毒害作用，引起氟骨症。另外，患有胃溃疡、冠心病、心室纤颤、早搏及高血压的病人，以及婴儿、儿童、孕妇、老人都不宜饮浓茶。

七、不喝隔夜茶。隔夜茶中的维生素、茶多酚等营养素早已散失，而且茶水放置过久容易变质，损害身体，因此要忌饮隔夜茶。

八、不要饮用冲泡次数过多、冲泡时间过久的茶。一杯茶，经三次冲泡后，90%以上可溶于水的营养成分和药效物质已被浸出，再冲泡，已经达不到养生的目的。而冲泡时间过久则会使茶叶中的茶多酚、芳香物质、维生素、蛋白质等氧化变质变性，甚至成为有害物质，而且茶水中还会滋生细菌，影响人体健康。

九、因时而饮。如果能顺应人体生理规律的变化而饮养生茶，则会取得事半功倍之效，比如滋补类养生茶和治疗肠胃疾病的茶适宜空腹或饭前饮用，这样可以使茶性更快到达肠胃，利于消化吸收；具有润肠通便作用的茶则适宜在早上饮用，因为此时肠胃蠕动较快；健胃消食的茶

◎ 牛奶红茶

则适宜在饭后饮用，可增加人体的消化能力，养护肠胃。

另外，有的人家中茶叶品种较多，便可以采用一天中不同时间饮用不同的茶叶，有极佳的效果，如清晨饮一杯淡淡的绿茶，醒脑清心；上午喝一杯茉莉花茶，芳香怡人，可提高工作效率；午后喝一杯红茶，解困提神；下午工作休息时喝一杯牛奶红茶或一杯绿茶加点果品、点心等，补充营养；晚上几位朋友或家人团聚，泡一壶乌龙茶，边谈心边品茗，情趣盎然。

十、合适的饮茶量。饮茶量的多少是由饮茶习惯、年龄、工作、健康状况、生活环境等诸多因素决定的。一般健康的成年人平时又有饮茶习惯的，一日饮茶 12 克左右，分 3 ~ 4 次冲泡是比较适宜的；体力劳动者，运动量大，消耗多，一日饮茶 20 克左右是比较适宜的；食用油腻食物较多、烟酒量大者，也可适当增加茶叶用量；孕妇、儿童、神经衰弱者、心跳过速者，饮茶量应适当减少。

◎ 乌龙茶茶样、茶汤

十一、不要使用发霉变质的茶材入茶饮。使用发霉变质的茶材入茶饮，其所产生的毒素，轻者引起头晕、腹痛、腹泻等中毒现象，严重者则可能致癌，所以发霉变质的茶材绝对不可入茶饮。

十二、女性饮茶注意事项。女性在经期前后、孕期、坐月子时不适宜喝太浓或具有行气活血功效的茶，包括刺激性强的绿茶和乌龙茶。可少量饮用红茶或花茶，最好在茶中加入一点红糖或蜂蜜，以补充体力。

第四章 养生茶方

养生茶并不仅仅是一种解渴的饮料，也是一种具有美容养颜、保持健康、防病治病功效的天然良药。经常饮用养生茶，可以喝出年轻，喝出健康，喝出精彩的人生。

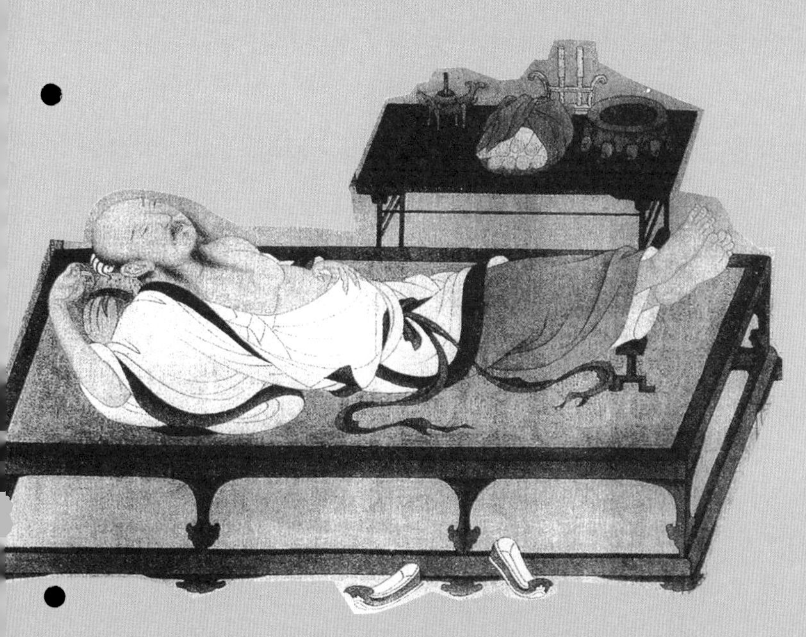

改善睡眠、消除失眠的茶方

失眠是身体亚健康的常见症状之一，形成的原因多种多样。如果经常失眠，可以饮用一些具有镇静安神、舒缓紧张、清心除烦功效的养生茶，如薰衣玫瑰茶、薰衣甜叶菊茶等。

【薰衣玫瑰茶】

茶材

绿茶5克，薰衣草10克，紫罗兰6朵，玫瑰花6克。

制法

1. 将薰衣草、玫瑰花、紫罗兰洗净。

2. 把洗好的茶材和绿茶一起放入杯中，加入适量热水（以水温80℃左右为宜），闷泡3～5分钟后即可饮用。

注意

建议睡前饮用。紫罗兰有一定的通泻作用，有腹泻症状者慎服。

调养原理

绿茶可清心除烦；薰衣草和玫瑰花都具有镇静安神作用，能舒缓紧张情绪、改善睡眠质量；紫罗兰能助眠、安定情绪。此方对于改善睡眠、治疗失眠十分有效。

◎ 薰衣甜叶菊茶

【薰衣甜叶菊茶】

茶材

薰衣草 9 克，甜叶菊 4 克，乌龙茶 4 克。

制法

1. 将茶材用棉布包好，制成茶包。

2. 将茶包放入杯中，加入适量沸水，冲泡 5 ～ 10 分钟后即可饮用。

调养原理

薰衣草具有镇静安神、缓和神经紧张、促进睡眠的作用；甜叶菊具有清热解毒、调节血压、软化血管、降低血脂、健脾胃等功效。此茶方对于改善睡眠具有很好的疗效。

宁心安神的茶方

日常生活中，很多人尤其是女性会有心烦意乱、疲倦少食、头昏盗汗等症状，此时可喝一些具有宁心安神、滋阴润燥作用的养生茶，如甘麦大枣茶、玫瑰普洱茶、莲子绿茶等。

【甘麦大枣茶】

茶材

甘草6克，小麦30克，红枣10枚，绿茶6克。

制法

1. 将甘草、小麦、红枣用水洗净。

2. 把洗好的茶材连同绿茶一起放入茶杯中，加入适量沸水，冲泡10～15分钟，取汁随时饮用。

注意

湿盛胀满、浮肿者不宜饮用。

调养原理

甘草能补脾益气；小麦有安心宁神的功效；红枣有养血安神的作用。此茶方能宁心安神，经常饮用对消除精神不安、失眠盗汗等症状效果显著。

◎ 玫瑰普洱茶

【玫瑰普洱茶】

茶材

玫瑰花 15 克，普洱茶 3 克。

制法

1. 先将普洱茶放在茶杯中，注入开水。

2. 将茶汤倒掉不喝，放入玫瑰花，再注入开水冲泡，待稍凉，加入蜂蜜后即可饮用。

调养原理

玫瑰花和普洱茶一起冲泡芳香怡人，能疏解胸闷、气烦的心情，对缓解紧张、宁心安神有很好的效果。

◎ 莲子绿茶

【莲子绿茶】

茶材

莲子 30 克，绿茶 5 克。

制法

1. 先用热水浸泡莲子 2 小时。

2. 将泡过的莲子与 20 克冰糖一起放入锅中，加适量水煎煮，待莲子烂熟即可。

3. 将绿茶放入杯中，加水冲泡 3 ~ 5 分钟，取茶汁倒入莲子汤中，加入适量蜂蜜即可饮用。可分多次饮用。

调养原理

莲子具有养心益肾、宁心安神的功效；绿茶和冰糖可润肺、除烦。此茶方可宁心安神，适用于心气不足、心烦意乱等症。

消除烦恼、减轻压力的茶方

肝气郁结、精神紧张是导致人体烦躁不安的重要原因，因此应经常饮用一些具有疏肝解郁、减压放松功效的养生茶，如橘络理气茶、茉莉花茶等，以释放身体压力，安定情绪。

【橘络理气茶】

茶材

橘络5克，玫瑰花3克，绿茶2克。

制法

1. 将橘络、玫瑰花用水洗净。

2. 把橘络、玫瑰花与绿茶一起放入杯中，加入适量沸水，加盖闷泡10分钟后即可饮用。

调养原理

橘络具有通经络、理气等功效；玫瑰花有疏肝解郁的作用。此茶方具有舒缓压力、除烦的功效。

【茉莉花茶】

茶材

绿茶 5 克，茉莉花 20 克。

制法

1. 将茉莉花和绿茶放入茶杯中。

2. 将适量热水倒入茶杯中，加盖闷泡 3 ~ 5 分钟后即可饮用。

调养原理

茉莉花花色洁白，气味芳香，具有清热、降火、舒缓压力、怡人心情、激发人体活力的功效；绿茶有清热泻火、宁心安神的作用。此茶方对于消除烦恼、减轻压力有很好的效果。

© 茉莉花茶

消除疲劳的茶方

身体活动到一定程度时，便会出现疲劳症状。疲劳多是由于睡眠不足或过度劳累引起的，长期感到身心疲惫则是身体处于亚健康状态的征兆。消除身体疲劳的常见茶方有粳米红茶、山楂迷迭香茶等。

【粳米红茶】

茶材

粳米 50 克，红茶 10 克。

制法

1. 先煮红茶浓茶 1000ml，滤掉茶渣，然后倒入锅中。

2. 把粳米和少量白糖也放入锅中，再加水 4000ml，粳米熟后，取汁饮用。粳米也可食用。

调养原理

粳米具有健脾胃、补中气、养阴生津、除烦止渴、消除疲劳等功效。常饮此茶方可强身健体、消除疲劳。

◎ 山楂迷迭香茶

【山楂迷迭香茶】

茶材

山楂 10 克，迷迭香 10 克，柠檬皮 5 克，红茶 5 克。

制法

1. 将山楂、迷迭香、柠檬皮用水洗净，并把柠檬皮和红茶放入茶杯中。

2. 把山楂、迷迭香、冰糖放入锅中，加入适量水，以文火煎煮 10 ~ 15 分钟，取汁倒入放有柠檬皮和红茶的茶杯中即可饮用。

注意

孕妇慎用。

调养原理

山楂具有开胃健脾的功效；迷迭香能活化脑部细胞、消除身体疲劳；柠檬皮可行气、健胃、止痛；红茶可消除身体疲劳。此茶方对于缓解身体疲劳十分有效。

缓解眼疲劳的茶方

导致眼疲劳的原因很多，长时间盯着电脑屏幕或电视是一个重要因素。在缓解眼疲劳的诸多方法中，饮茶无疑是一种简单而实用的方式。眼疲劳者可常饮决明天麻茶、桑叶菊花茶等具有明目功效的茶。

【决明天麻茶】

茶材

决明子 25 克，天麻 20 克，菟丝子 15 克，菊花 12 克，绿茶 5 克。

制法

1. 将决明子、天麻、菟丝子、菊花用水洗净。

2. 把洗好的茶材和绿茶一起放入茶壶中，加入 500ml 沸水，冲泡 3 ~ 5 分钟后即可饮用。

注意

脾胃虚寒、体质虚弱、大便溏泄、便结等病症患者忌饮或少饮。孕妇忌饮。

调养原理

决明子有清肝明目、治疗眼疾的作用；天麻能活血通经；菊花、菟丝子都有清热解毒功效。此方适用于肝火上扰所致的眼红、眼疲劳等症。

◎ 桑叶菊花茶

【桑叶菊花茶】

茶材

桑叶 15 克，菊花 15 克，甘草 5 克，绿茶 1 克。

制法

1. 用水将桑叶、菊花、甘草洗净。

2. 把洗好的茶材与绿茶一起放入杯中，加入适量热水，加盖冲泡 3 ~ 5 分钟后即可饮用。

注意

建议每天一剂，饭后饮用。湿盛胀满、浮肿者不宜饮用。

调养原理

桑叶、菊花都是清肝明目的良药，具有清热解毒的功效。此茶方能迅速缓解眼疲劳，保护眼睛。

提高记忆力的茶方

在生活和工作压力下，很多人出现了记忆力减退，甚至健忘的症状。如有以上症状者可经常饮用一些具有健脑安神、养心益智的养生茶，如合欢红枣茶、桂圆碧螺春茶等。

【合欢红枣茶】

茶材

合欢花 15 克，红枣 10 枚，绿茶 1 克。

制法

1. 将红枣洗净去核。

2. 把处理好的红枣与合欢花、绿茶一起放入锅中，加适量水，以文火煎煮 10 ～ 15 分钟，取汁饮用。

调养原理

合欢花可安神解郁，红枣是养心补血的良药，绿茶能防止脑部老化。此茶方具有安神益智之效，可提高记忆力，改善健忘症状。

◎ 桂圆碧螺春茶

【桂圆碧螺春茶】

茶材

桂圆肉 6 克，碧螺春茶 3 克。

制法

1. 将桂圆肉用水洗净。

2. 把洗好的桂圆肉与碧螺春茶一起放入茶杯中，加入适量沸水，冲泡 3 ~ 5 分钟后即可饮用。

调养原理

桂圆肉具有补心安神、养血益智之效；碧螺春茶能提神醒脑、振奋精神。此茶方对于治疗失眠、健忘疗效很好，长期饮用可提高记忆力。

清热解毒的茶方

日常生活中，口燥咽干、便秘尿黄、红肿热痛、舌红苔黄等上火症状屡见不鲜，此时可以饮用黄芩茶、金银花茶、绿豆甘草茶等养生茶，以清热解毒、泻火。

【黄芩茶】

茶材

黄芩 6 克，绿茶 3 克。

制法

1. 将黄芩用水洗净。

2. 把洗好的黄芩放入锅中，加入适量清水，以文火煎煮 10 ～ 15 分钟，取汁冲入绿茶，加盖闷泡 3 ～ 5 分钟后即可饮用。

注意

脾肺虚热者、肾虚溏泄者、血虚腹痛者等忌饮。

调养原理

黄芩具有清热除湿、解毒抗炎的功效。此茶方适于夏天清热去火。

【金银花茶】

茶材

金银花 5 克，甘草 2 克，绿茶 3 克。

制法

1. 将金银花和甘草用水洗净。

2. 把洗好的茶材与绿茶一起放入杯中，加入适量热水，冲泡 3 ~ 5 分钟后即可饮用。

注意

脾胃虚寒、水肿、慢性胃炎、白带过多者慎饮。

调养原理

金银花是清热解毒的良药，可清热消炎；甘草具有清热解毒、祛痰止咳的功效；绿茶具有清热泻火的功效。此茶方清热解毒效果十分出色。

◎ 金银花茶

◎ 绿豆甘草茶

【绿豆甘草茶】

茶材

绿豆 60 克，甘草 15 克，绿茶 2 克。

制法

1. 将绿豆用水浸泡 2 ～ 3 小时。

2. 把泡过的绿豆放入锅中，加入适量水，以文火煎煮半小时，取汁倒入放有甘草、绿茶的杯中，5 ～ 10 分钟后，调入适量蜂蜜即可饮用。

注意

湿盛胀满、浮肿、脾胃虚弱、消化不良者不宜饮用。

调养原理

绿豆有清热解毒、消暑止渴的功效，也能利尿消肿，加上甘草药效更佳。此茶方是清热泻火、排毒的良药。

排出体内毒素的茶方

体内毒素堆积会使人更容易衰老，皮肤问题层出不穷，内分泌失调，影响人体健康和肌肤美丽。泽泻何首乌茶、马鞭草鱼腥草茶等养生茶对于排出体内毒素具有很好的效果。

【泽泻何首乌茶】

茶材

泽泻 5 克，何首乌 5 克，绿茶 5 克。

制法

1. 将泽泻、何首乌用水洗净。

2. 把洗好的茶材放入锅中，加适量清水，先以武火煮沸，再用文火煎煮 10 ~ 15 分钟，取汁待用。

3. 把绿茶冲泡成茶汤，然后将茶汤与药汤混合调匀即可饮用。

注意

肾虚、大便溏泄者忌饮。

调养原理

泽泻能保养五脏，除湿益气，利水消肿；何首乌能促进肠胃蠕动，增强排泄功能，活血散瘀。此茶方可排出体内毒素，消除水肿。

【马鞭草鱼腥草茶】

茶材

马鞭草 15 克，鱼腥草 12 克，绿茶 10 克。

制法

1. 将马鞭草和鱼腥草用水洗净。

2. 把洗过的茶材和绿茶一起放入茶壶中，加入适量沸水冲泡 5 ~ 10 分钟，调入适量蜂蜜后即可饮用。

注意

建议每三天服用一剂，不可久服。脾阴虚而胃气弱者、身体虚寒者忌饮。孕妇慎饮。

调养原理

马鞭草能清热解毒、润肠消脂；鱼腥草可利水消肿、清除体内垃圾。此茶方对于排除体内毒素效果显著。

◎ 马鞭草鱼腥草茶

消除水肿的茶方

非疾病性水肿通常是由于血液循环及代谢不畅、淋巴阻塞、内分泌失调等引起的。当身体出现非疾病性水肿时，可以饮用一些具有利水消肿作用的养生茶，如万年青茶、荷叶淡竹茶等。

【万年青茶】

茶材

万年青 30 克，红茶 6 克。

制法

1. 将万年青用水洗净。

2. 把洗好的万年青和红茶一起放入锅中，加入适量水，以文火煎煮 5 ～ 10 分钟，取汁饮用。

注意

脾胃虚弱者慎用。

调养原理

万年青性寒，味甘苦，具有清热解毒、强心利尿的功效。此茶方对于消除心脏性水肿效果显著。

◎ 荷叶淡竹茶

【荷叶淡竹茶】

茶材

荷叶 9 克，淡竹叶 7 克，薄荷 3 克，绿茶 6 克。

制法

1. 将荷叶、淡竹叶、薄荷用水洗净备用。

2. 将洗好的茶材与绿茶一起放入杯中，冲入适量热水，加盖闷泡 3 ~ 5 分钟后即可饮用。

注意

胃溃疡患者禁用。

调养原理

荷叶、淡竹叶、薄荷都具有消脂利水的功效，绿茶也具有利水化湿的作用。此茶方可以排除体内多余水分，消除身体各部位水肿。

读图时 茶说典藏

养生中国茶

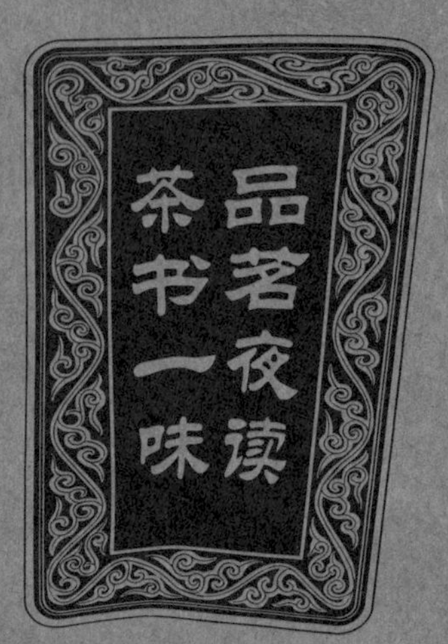

全国百佳图书出版单位

清肝明目的茶方

肝火上升会引起血压升高、头痛、目赤、易怒，甚至视物不清等症状，这时应该饮用一些具有清肝火、凉血功能的养生茶，如龙井菊花茶、决明子菊花茶、枸杞绿茶等。

【龙井菊花茶】

茶材

龙井茶 3 克，白菊花 5 克。

制法

1. 用水将白菊花洗净。

2. 把洗好的白菊花和龙井茶一起放入杯中，加少量热水冲泡 1 分钟后，倒掉茶水，再用适量热水冲泡 3 ~ 5 分钟后即可饮用。

◎ 龙井茶和菊花

注意

体质虚寒、失眠、心肺功能低下者及哺乳期妇女慎用。

调养原理

龙井茶所含的茶多酚属于抗氧化剂，可抗癌和延缓器官衰老，防止细胞老化，增强人体免疫力；白菊花可以清肝明目、去火解毒。经常饮用此茶方清肝明目、延缓衰老。

【决明子菊花茶】

茶材

决明子 5 克，菊花适量，绿茶 5 克。

制法

1. 将决明子和菊花用水洗净待用。

2. 将洗好的决明子和菊花放入茶杯中，再加入绿茶，用沸水冲泡 2 分钟即可饮用。

注意

脾胃虚寒、体质虚弱、大便溏泄等病症患者忌饮或少饮。

调养原理

决明子可清肝、明目、通便、降血糖；菊花和绿茶皆有清热解毒、凉血利水的功效。此茶方可清肝明目、去火解毒。

◎ 决明子菊花茶

【枸杞绿茶】

茶材

枸杞子 75 克，绿茶 2 克。

制法

1. 将枸杞子用水洗净，然后把绿茶放入茶杯中。

2. 将洗好的枸杞子放入锅中，加入适量清水，以文火煎煮 15 ~ 20 分钟，取汁冲入绿茶中即可饮用。

注意

脾胃虚弱、消化不良、腹胀者忌饮；易上火者慎服。

调养原理

枸杞子性平味甘，能益气生精、降压明目、补益肝肾。此茶方可去肝火明目。

◎ 枸杞和绿茶

改善手足冰冷的茶方

手足冰冷是人体常见的一种症状，尤其多见于冬季的女性身上。中医认为其形成原因是身体虚弱、气血不畅，因此常手足冰冷者适宜多饮用一些具有强身固体、调气活血功效的养生茶，如肉桂苹果茶、红枣枸杞茶等。

【肉桂苹果茶】

茶材

肉桂 30 克，苹果 30 克，红茶 5 克。

制法

1. 将肉桂、苹果洗净，用刀把肉桂切成小段，苹果切成片。

2. 把切好的茶材放入茶壶中，加入红茶和 500ml 沸水，闷泡 5 ～ 10 分钟，取汁，调入适量蜂蜜即可饮用。

注意

孕妇禁用，身体燥热、夜间盗汗、月经过多者慎饮。

调养原理

肉桂性热、味辛甘，能强肾固腰膝，暖身和胃，消除四肢冰冷、腰膝冷痛等症状；苹果富含维生素 C，能抗衰安神；红茶性偏温，可养胃、强身固体。此茶方对于各类手足冰冷症状具有很好的疗效。

【红枣枸杞茶】

茶材

红枣 7 枚，枸杞 3 克，红茶 5 克。

制法

1. 将红枣用水洗净。

2. 把洗好的红枣与红茶一起放入锅中，加入适量水，以文火煎煮 10 ~ 15 分钟，至汤有甜味即可取汁饮用。

注意

脾胃虚弱、消化不良、腹胀者忌饮。高血压及易上火者慎服。

调养原理

红枣和枸杞都是大补之物，对于暖和身体、补益肾脏效果很好；红茶可养胃、强身固体。经常饮用此茶方可消除手足冰冷症状，尤其对身体虚寒导致的四肢冰冷效果更佳。

◎ 红枣枸杞茶

改善易流鼻血状况的茶方

传统中医认为，人体燥热、气血上逆是导致流鼻血的主要原因，所以易流鼻血的人可以经常饮用一些具有清热凉血功能的养生茶，如茅根茶、莲藕鸭梨茶等。

【茅根茶】

茶材

鲜茅根 100 克，鲜车前子 150 克，绿茶 1 克。

制法

1. 将茅根、车前子用水冲洗干净。

2. 把洗好的茶材放入锅中，加入适量清水，以文火煎煮 10 ～ 15 分钟，加入绿茶，闷泡 3 ～ 5 分钟后取汁饮用即可。

注意

凉性体质、闭经、脾胃虚寒者慎用。

调养原理

茅根具有消肿利水、清热止血的作用；车前子清热效果显著。此茶方能凉血利尿、止血，适用于各种出血症状，并且能改善人体体质，减少流鼻血的几率。

【莲藕鸭梨茶】

茶材

莲藕 20 克，鸭梨半个，柿饼 15 克，绿茶 3 克。

制法

1. 将莲藕、鸭梨用水洗净，用刀切成片。

2. 将处理好的莲藕、鸭梨放入锅中，加入柿饼和适量清水，以文火煎煮 10 ~ 15 分钟后加入绿茶，闷泡 3 ~ 5 分钟后取汁饮用。

调养原理

莲藕具有清热凉血、止血止消渴的功效；鸭梨可调整肠胃、止血凉血；柿饼有润肺的功效。此茶方可改善体质，减少流鼻血的几率。

◎ 莲藕鸭梨茶

改善贫血的茶方

贫血主要是人体造血功能不足造成的。贫血者在日常生活中可以适当饮用一些具有补血养气性质的养生茶，如丹参黄精茶、红枣茶等。需要注意的是，缺铁性贫血患者或正在服用补铁药物者不适宜以上茶方。

【丹参黄精茶】

茶材

丹参、黄精各 10 克，绿茶 5 克。

制法

1. 将丹参、黄精用水洗净。

2. 将洗好的丹参、黄精和绿茶一起放入杯中，加入适量沸水，冲泡 3 ~ 5 分钟后即可饮用。

注意

建议每天一剂。孕妇慎饮。另外，有些人对丹参会有过敏反应，建议饮用前做过敏测试，如饮用过程中出现不适，应立即停饮。

调养原理

丹参、黄精都有补血养气之效，对于贫血及白细胞减少等症有很好的疗效。

【红枣茶】

茶材

红枣 10 枚，绿茶 5 克。

制法

1. 用适量热水将绿茶冲泡成茶，滤掉茶叶待用。

2. 将红枣放入锅中，加入适量水和砂糖煎煮，至红枣烂熟为止。

3. 将红枣汤与茶汤调匀即可饮用。

调养原理

红枣是常用的补血药物，具有养血安神、健脾养胃的功效。此茶方对于贫血和维生素缺乏者十分有效。

◎ 红枣茶

改善心脏机能的茶方

养生茶大都能促进心血管循环，改善心脏机能，防止血栓形成，如丹参茶、红花茶等。因为这些茶材中的有效成分可以改善血管壁的通透性，扩张冠状动脉，增强心肌和血管壁弹性，可防治动脉粥样硬化、冠心病等。

【丹参茶】

◎ 丹参茶

茶材

丹参 9 克，绿茶 3 克。

制法

1. 将丹参切成片状。

2. 将丹参片与绿茶一起放入杯中，加入沸水冲泡 5 分钟即可饮用。

注意

有些人对丹参会有过敏反应，建议饮用前做过敏测试，如饮用过程中出现不适，应立即停饮。

调养原理

丹参性苦，微寒，具有活血化瘀、养血安神的功效。此茶方有助于改善心脏机能及防治冠心病。

【红花茶】

茶材

红花 1 克，绿茶 2 克。

制法

1. 将红花用醋洗过后焙干。

2. 将茶材放入杯中，加入适量沸水，冲泡 3 ～ 5 分钟后即可饮用。

调养原理

红花具有活血通经的作用，可防止血栓的形成，配以能扩张血管、兴奋中枢神经的绿茶，可起到清热、活血、止痛的作用。此茶方可有效地改善心脏机能。

◎ 红花茶

降血压的茶方

经常饮用一些具有降血压、降血脂、促进血液循环的养生茶，可以达到防治高血压、高血脂症的目的。常见的茶方有柠檬草茶、三宝茶等。

【柠檬草茶】

茶材

柠檬草 13 克，川七粉 10 克，红茶 10 克。

制法

1. 将柠檬草、川七粉、红茶放入杯中，加入 300ml 的开水，盖上盖子泡 3 ~ 5 分钟。

2. 泡好后加入适量蜂蜜，即可饮用。

注意

孕妇慎饮。

调养原理

柠檬草具有降低血脂和血压的功效，配以能减少凝血时间、扩张冠状动脉、降血压的川七，可辅助治疗高血压、高血脂等症。

◎ 三宝茶

【三宝茶】

茶材

菊花、普洱茶各 6 克，罗汉果半枚。

制法

将所有茶材放入杯中，加入 300ml 开水，加盖闷泡 5 ～ 10 分钟后即可饮用。

注意

此方有润肠通便之效，肠胃不佳者慎服。

调养原理

菊花能清热解毒；罗汉果可生津止渴、润肠通便；普洱茶可分解脂肪、净化血液、降低体内胆固醇和甘油三酯的含量。此茶方适用于高血压、高血脂等症。

预防龋齿的茶方

养生茶中具有防龋功能的茶不在少数，经常喝这类茶对于防止龋齿的形成具有明显的效果。常见的茶方有蒲公英茶、普洱茶等。

【蒲公英茶】

茶材

蒲公英 25 克，绿茶 6 克。

制法

1. 将蒲公英用水洗净，切细。

2. 把切细的蒲公英和绿茶一起放入杯中，加入适量热水，加盖闷泡 3 ~ 5 分钟，调入适量砂糖即可饮用。

注意

脾胃虚弱者禁用。

调养原理

蒲公英具有清热解毒的功效，与绿茶一起饮用，可有效防治龋齿、消除牙周炎。此茶方适用于牙龈肿痛、牙龈出血、龋齿等。

◎ 蒲公英茶

【普洱茶】

茶材

普洱茶3克。

制法

将普洱茶放入杯中，加入适量热水，冲泡3～5分钟后即可饮用。

注意

孕妇、虚寒体质及高血压患者不宜饮用。

调养原理

普洱茶可以阻止龋齿菌依附在牙齿表面，茶中的茶多酚还具有抗菌消炎的作用。此外，普洱茶叶中的氟可与牙齿中的钙结合生成氟磷灰石，这种物质可以起到坚固牙齿、提高牙齿防酸抗龋能力的作用。此茶方防治龋齿效果十分显著。

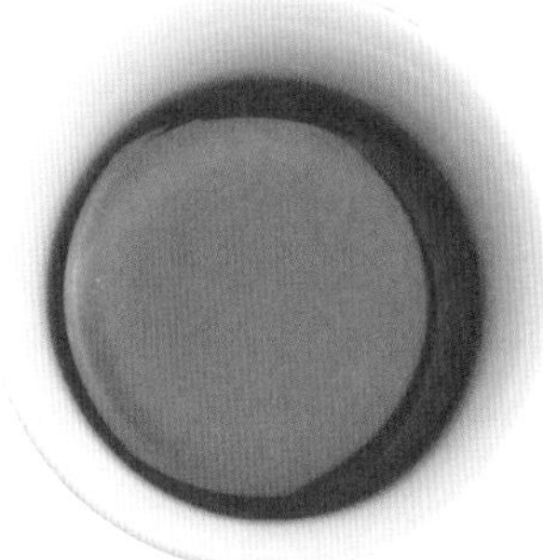

◎ 普洱茶和茶汤

防治口腔溃疡的茶方

口腔溃疡大都是由胃火上逆所致，多由喜食辛辣、进食蔬菜水果不足引起。口腔溃疡患者可以经常饮用一些清热解毒、提高免疫力的养生茶。常见的茶方有生地绿豆茶、莲子甘草茶等。

【生地绿豆茶】

茶材

生地 30 克，绿豆 60 克，绿茶 10 克。

制法

1. 先将生地、绿豆洗净，然后将两者放入锅中，加入适量水，以文火煮熟。

2. 取汁冲入放有茶叶的杯中，闷泡 5 分钟后即可饮用。

注意

脾胃虚弱、消化不良及阳虚者忌饮。

调养原理

生地有清热凉血、益阴生津、润燥止痛等功效；绿豆有清热解毒、消暑利水的作用。此茶方有助于防治口腔溃疡。

◎ 莲子甘草茶

【莲子甘草茶】

茶材

莲子 15 克，甘草 2 克，绿茶 5 克。

制法

1. 将莲子、甘草用水洗净。

2. 将茶材放入杯中，加入适量沸水，加盖闷泡 5 ~ 10 分钟后即可饮用。

注意

湿盛胀满、浮肿者不宜饮用。

调养原理

莲子能清心宁神、去火解毒。此茶方对于由上火引起的口腔溃疡者疗效显著。

润肺爽喉的茶方

呼吸系统不适多与肺部功能异常有关，因此经常饮用一些具有润肺爽喉功效的养生茶，可以预防和缓解呼吸系统不适。常见的茶方有橘皮红茶、胖大海甘草茶等。

【橘皮红茶】

茶材

橘皮 5 克，红茶 5 克。

制法

1. 将橘子皮用水洗净，切成细条。

2. 把切好的橘子皮放入锅中，加入适量清水，以武火煎煮至沸腾。

3. 取汁冲入放有红茶的茶杯中，加盖闷泡 5 分钟，调入适量蜂蜜后即可饮用。

◎ 橘皮红茶

调养原理

橘子皮有润肺止咳的功效，可有效地保护咽喉。此茶方是润肺爽喉的常见方。

◎ 胖大海甘草茶

【胖大海甘草茶】

茶材

胖大海 3 枚，甘草 2 片，红茶 5 克。

制法

1. 将胖大海用水发泡，泡开后除掉其硬皮。

2. 将去皮的胖大海和甘草、红茶一起放入杯中，加适量热水冲泡，加盖闷 5 分钟后即可饮用。

注意

有恶心、咳喘、浮肿、腹泻症状者慎服。

调养原理

胖大海性微凉，味甘，可开音护嗓、润肺化痰；甘草可清热解毒、润肺止咳、治疗咽喉肿痛等。此茶方能够清除肺部湿热、润肺爽喉。

缓解咳喘的茶方

咳喘多是由于病邪侵入呼吸道和肺部引发的，因此适合咳喘患者饮用的养生茶多有清热消炎、清肺化痰、润喉止咳的功效，比如鸭梨贝母茶、桑菊桔甘茶等。

【鸭梨贝母茶】

茶材

鸭梨半个，浙贝母 20 克，绿茶 5 克。

制法

1. 将绿茶和浙贝母放入茶壶中，加入 500 ml 沸水，冲泡 3 ~ 5 分钟；
2. 将鸭梨切片，放入锅中，加入 500 ml 水煎煮至梨烂熟；
3. 将梨汤倒入茶壶中，搅拌均匀后即可饮用。

注意

鸭梨性寒凉，体质虚弱、脾胃虚寒者不宜多食。症状好转后不宜再饮。

调养原理

鸭梨有润肺、化痰的功效，浙贝母多用于痰热肺郁等症。此茶方有清热化痰、润肺止咳之效，对于肺热咳嗽、浓痰者十分有效。

◎ 桑菊桔甘茶

【桑菊桔甘茶】

茶材

桑叶10克，菊花10克，桔梗6克，甘草5克，绿茶6克。

制法

1. 把桑叶、菊花、桔梗用水洗净，然后把它们放入锅中，加入适量清水。
2. 水煮沸10分钟后，取汁冲泡绿茶，待茶汤凉后即可饮用。

注意

湿盛胀满、浮肿者不宜饮用。

调养原理

桑叶对风热感冒引起的咳嗽胸痛有疗效；菊花、桔梗、甘草都具有散风清热、消咳止痛的功效。此茶方可疏风清热、化痰止咳。

缓解消化不良的茶方

消化不良多是由于情绪不好、工作过于紧张、天寒受凉或多食不易消化的食物所引起的，表现为轻微的上腹不适、饱胀、烧心等症状，此时可以饮用萝卜蜂蜜茶、山楂茶等具有健脾助消化功能的养生茶。

【萝卜蜂蜜茶】

茶材

白萝卜 120 克，绿茶 3 克。

制法

1. 将白萝卜用水洗净，捣烂取汁备用。

2. 将绿茶冲泡，取茶汤备用。

3. 将萝卜汁和茶汤混合调匀，加入适量蜂蜜即可饮用。

注意

白萝卜性偏寒凉而利肠，故脾虚泄泻者、胃溃疡患者等忌饮或少饮。

调养原理

白萝卜具有开胃、助消化的功效。此茶方对于食滞、胃胀等消化不良症状效果显著。

◎ 萝卜蜂蜜茶

【山楂茶】

茶材

山楂片 25 克，绿茶 2 克。

制法

1. 先将 800 ml 清水烧开。
2. 把山楂片和绿茶放入沸水中，煎煮 3 ~ 5 分钟，取汁，分 3 次饮用。

注意

脾胃虚弱、肠胃功能不佳者慎用。

调养原理

山楂是消化积食的良药，具有健脾开胃的功效。此茶方可缓解消化不良症状。

◎ 山楂茶

缓解食欲不振的茶方

上班族由于疲劳或精神紧张，可能导致暂时性食欲不振，此外脾胃虚弱之人也会出现食欲不振症状，此时可以饮用一些具有开胃健脾功能的养生茶，如金橘消化茶、梅楂茶等。

【金橘消化茶】

茶材

金橘 5 个，酸梅 1 枚，绿茶 2 克。

制法

1. 将金橘用水洗净，用刀切成片备用。

2. 将金橘片、酸梅、绿茶放入茶壶中，倒入 800 ml 热水，冲泡 5 ~ 10 分钟，调入适量蜂蜜即可饮用。

注意

胃溃疡或肠炎患者禁用。

调养原理

金橘中含有大量柠檬酸，能促进胃酸分泌；酸梅有健胃消食的作用。此茶方是健脾开胃的良方，对食欲不振有一定效果。

【梅楂茶】

茶材

乌梅 10 枚，生山楂 15 克，绿茶 10 克。

制法

1. 将生山楂去核捣碎备用。

2. 把乌梅、山楂渣和绿茶一起放入沙锅中，加适量清水煎煮 10 ~ 15 分钟，取汁饮用。

注意

有感冒发热、咳嗽多痰、肠炎等病症者忌饮。孕妇及女性经期忌饮。

调养原理

乌梅、山楂都具有生津开胃的功效，有助于缓解食欲不振症状。

◎ 梅楂茶

缓解呃逆的茶方

呃逆多是由胃气上逆动膈而导致的，呃逆症状出现时，可以饮用一些具有温胃降呃功能的养生茶，如刀豆子姜茶、丁香茶等。

【刀豆子姜茶】

茶材

刀豆子10克，生姜5克，绿茶3克。

制法

1. 刀豆子用水洗净，生姜切成片。

2. 把切好的生姜和刀豆子、绿茶一起放入杯中，加入适量热水，冲泡5～10分钟，调入适量红糖即可饮用。

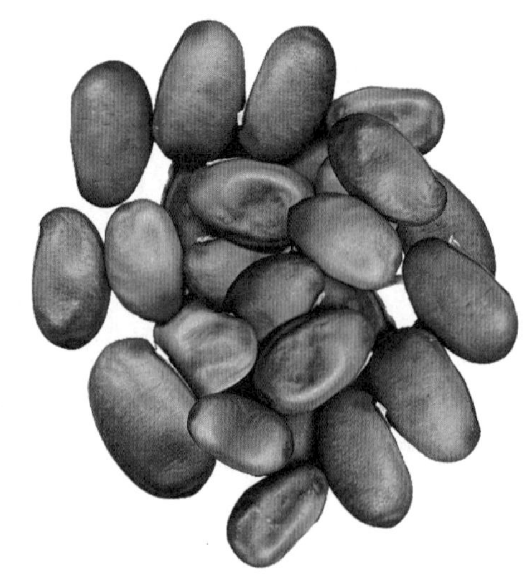

◎ 刀豆子

调养原理

刀豆子具有温胃止呃的功效，尤其对于人体气机升降失常引起的呃逆效果更佳；生姜有散寒下气之效。此茶方适用于各种呃逆症状，止呃效果显著。

◎ 丁香茶

【丁香茶】

茶材

丁香 9 克，绿茶 1 克。

制法

1. 将丁香洗净捣碎。

2. 把捣碎的丁香和绿茶一起放入杯中，加入适量冰糖，冲入适量沸水，加盖闷泡 5 ~ 10 分钟。

注意

热性病及阴虚内热者忌饮。

调养原理

丁香芳香浓郁，具有温胃、降逆止呃的作用。此茶方对于呃逆症状疗效显著。

缓解呕吐的茶方

经常反胃呕吐对于人们来说是一件十分头疼的事，尤其是妊娠期妇女。常出现呕吐症状者不妨饮用一些具有止呕效果的养生茶，如甘草姜茶、藿香佩兰茶等。

【甘草姜茶】

茶材

炙甘草 3 克，生姜 5 克，红茶 2 克。

制法

1. 将生姜切丝焙干。

2. 将焙干的姜与炙甘草、红茶一起放入杯中，加入适量沸水，冲泡 3 ~ 4 分钟后即可饮用。

注意

每日一剂，分早、中、晚三次饮用。湿盛胀满、浮肿者不宜饮用。

调养原理

甘草能健脾胃；生姜有温中散寒、止呕之效；红茶能和胃下气、除烦止呕。此茶方对于胃寒呕吐十分有效。

◎ 甘草姜茶

◎ 藿香佩兰茶

【藿香佩兰茶】

茶材

藿香 9 克，佩兰 9 克，红茶 6 克。

制法

1. 将藿香、佩兰用水洗净。

2. 将所有茶材放入杯中，加入适量沸水，冲泡 5 ~ 10 分钟后即可饮用。

注意

建议每天一剂。阴虚火旺、胃气虚者忌饮。

调养原理

藿香具有芳香化浊、开胃止呕、发表解暑的作用；佩兰有解暑化湿、辟秽和中的功效，主治恶心呕吐等症。此茶方对于止呕有一定效果。

缓解胸闷、心悸的茶方

现代人生活节奏快，工作学习压力大，不时会感觉胸闷心悸。当有这种症状出现时，不妨自己动手泡制一杯养生茶，经常喝茶具有行气活血、促进身体新陈代谢的作用，可防治胸闷心悸。常见的茶方有柿叶山楂茶、迷迭绞股蓝茶等。

【柿叶山楂茶】

茶材

柿叶 10 克，山楂 12 克，红茶 3 克。

制法

1. 将柿叶和山楂用水清洗干净，并将山楂去核。

2. 将准备好的柿叶和山楂放入锅中，加入适量清水，煮沸 5 分钟后，取汁冲泡红茶。茶汤稍凉后即可饮用。

调养原理

柿叶和山楂都具有行气活血、调整人体新陈代谢的功效，常饮此茶方可缓解胸闷、心悸症状。

【迷迭绞股蓝茶】

茶材

迷迭香 12 克，绞股蓝 12 克，金线莲 7 克，普洱茶 3 克。

制法

1. 将迷迭香、绞股蓝、金线莲用水洗净，用棉布包好，制成茶包备用。

2. 将茶包和普洱茶一起放入茶壶中，加入 500 ml 热水，冲泡 5 ~ 10 分钟后即可饮用。

注意

建议每三天饮用一剂。孕妇及哺乳期间不宜饮用。

调养原理

迷迭香对心律不齐、胸闷心悸疗效很好；绞股蓝能调整人体新陈代谢。金线莲有清热凉血、除湿解毒、调和气血的作用。此茶方适用于心律不齐、胸闷、心悸等症状。

◎ 迷迭绞股蓝茶

缓解月经不调的茶方

月经不调是一种常见的妇科疾病，可由多种原因引起，比如精神紧张、内科疾病、饮食不规律、生活压力大等。月经不调患者适宜经常饮用一些具有理气调经、滋阴补血功效的养生茶，如芍姜茶、双花调经茶等。

【芍姜茶】

茶材

白芍5克、干姜3克、红茶3克。

制法

1. 将白芍、干姜用水清洗干净，干姜切成片。

2. 将白芍、干姜片放入锅中，加入适量清水，煮沸后取汁冲泡红茶饮用。

注意

虚寒性腹痛泄泻者不宜饮用。

调养原理

白芍具有调经止痛、活血、滋阴等功效；干姜有解毒、止痛的作用。此茶方可用于缓解痛经、月经不调等。

【双花调经茶】

茶材

玫瑰花、洛神花各 10 克，红茶 3 克。

制法

将茶材放入杯中，加入适量沸水，加盖冲泡 3 ~ 5 分钟后即可饮用。

注意

月经前 5 天开始服用，至月经盛期止。经量多者慎服。

调养原理

玫瑰花有疏肝解郁、活血调经、消肿止痛等功效；洛神花可活血调经。此茶方对气滞血瘀导致的月经不调十分有效。

◎ 双花调经茶

解酒醒酒的茶方

醉酒和宿醉都是生活中经常遇到的情形，这时候可以泡制一杯具有解酒功效的养生茶，对于醒酒帮助很大。常见的茶方有葛根赤豆茶、绿豆红茶等。

【葛根赤豆茶】

茶材

葛根 25 克，赤小豆 30 克，茯苓 20 克，莲藕 25 克，白萝卜 30 克，绿茶 15 克。

制法

1. 将葛根、赤小豆、茯苓、莲藕、白萝卜用水洗净。

2. 把洗好的茶材放入锅中，加入适量水，以武火煎煮至沸腾，再用文火炖煮 15 ~ 20 分钟，滤掉茶材即可饮用。

注意

肾虚多尿、胃寒、津伤口干者慎饮。

调养原理

葛根、赤小豆、莲藕都具有清热解毒、凉血的功效；茯苓可保护肝功能；白萝卜具有解酒功效。此茶方可促进血液循环，加快酒精分解，消除醉酒症状。

【绿豆红茶】

茶材

绿豆 30 克，红茶 10 克。

制法

1. 将绿豆洗净。

2. 将洗好的绿豆和红茶一起放入锅中，加入适量清水，以文火煎煮，绿豆熟后取汁饮用。

注意

绿豆性寒，脾胃虚弱、消化不良者忌饮。

调养原理

绿豆具有清热解毒、补益元气、解酒毒等功效。此茶方可用于醒酒和治疗急性酒精中毒。

◎ 绿豆红茶

辅助戒烟的茶方

在戒烟过程中，多饮用一些具有抗氧化和润肺清咽功效的养生茶，对于戒烟有事半功倍的效果。常见的茶方有芦荟茶、薄荷青果茶等。

【芦荟茶】

茶材

鲜芦荟 3 片，绿茶 3 克。

制法

1. 将鲜芦荟用水洗净，去皮，切成小段。

2. 将切好的芦荟和绿茶一起放入杯中，用沸水冲泡 3 ～ 5 分钟，调入适量砂糖后即可饮用。

注意

肠胃虚寒者和慢性腹泻患者慎用，烟瘾犯时即可饮用。

调养原理

芦荟具有与香烟类似的苦味，犯烟瘾时饮用具有很好的辅助戒烟作用。此外，芦荟可促进人体新陈代谢，清除肺部毒素。

◎ 薄荷青果茶

【薄荷青果茶】

茶材

薄荷 9 克，青果 9 克，桑叶 9 克，百合 5 克，甘草 5 克，绿茶 3 克。

制法

1. 将薄荷、青果、桑叶、百合、甘草用水洗净。

2. 把洗好的茶材与绿茶一起放入杯中，加入适量热水，加盖闷泡 5 ～ 10 分钟后即可饮用。

注意

湿盛胀满、浮肿者不宜饮用。

调养原理

薄荷具有清肺利咽的功效；青果能清肺利咽、生津解毒；桑叶可以疏散风热、清肝明目；百合有养阴润肺、清心安神的作用；甘草能健脾益气、止咳化痰。此茶方可润肺清咽，辅助戒烟。

防治中暑的茶方

炎热的夏季，气温居高不下，很容易发生中暑。为了防止中暑，夏季人们可以多饮用一些具有防暑功效的养生茶，如食盐茶、三豆茶等。

【食盐茶】

茶材

绿茶1克，食盐6毫克。

制法

将绿茶和食盐放入杯中，加入适量沸水，闷泡3～5分钟后即可饮用。

调养原理

绿茶有祛热解暑、补液止渴的作用；食盐有清火、凉血、解毒的功效。此茶方可防治中暑。

◎ 食盐茶

【三豆茶】

茶材

赤小豆 50 克，绿豆 50 克，黑豆 50 克，绿茶 10 克。

制法

1. 将赤小豆、绿豆、黑豆用水浸泡 2 ~ 3 小时。

2. 把泡过的茶材用水洗净，放入锅中，加入适量清水，以文火煎煮 15 ~ 30 分钟。

3. 煮至烂熟后，取汁冲入放有绿茶的杯中，晾凉后即可饮用。

注意

绿豆性寒，脾胃虚弱、消化不良者禁用；黑豆难消化，尿酸或肠胃功能差者适量食用。

调养原理

赤小豆可清热补血；绿豆具有清热解毒、消暑利水的作用；黑豆可补肾强身、养生消暑。此茶方是夏季养生、防暑的良方，疗效显著。

乌发亮发的茶方

长期睡眠不足、过度疲劳、染烫发、环境污染等诸多因素，都会使得现代人的发质越来越差，甚至出现过早白发的现象。经常饮用具有乌发亮发功效的养生茶，便可改变这种症状。常见的茶方有核桃乌发茶、黑芝麻红茶等。

【核桃乌发茶】

茶材

生核桃 10 颗、茶 5 克。

制法

1. 将核桃剥掉壳放入榨汁机，加入 2 杯清水，然后榨成核桃汁。

2. 将核桃汁和茶叶一同放入杯中，加入适量沸水，闷泡 3 ~ 5 分钟后即可饮用。

◎ 核桃仁

调养原理

核桃营养丰富，有补肾固精、乌发固发的作用。此茶方乌发效果显著。

◎ 黑芝麻红茶

【黑芝麻红茶】

茶材

黑芝麻 10 克，红茶 5 克。

制法

1. 将黑芝麻放入锅中，以文火焙干。

2. 将焙好的黑芝麻与红茶一起放入锅中，加入适量清水，以文火煎煮 10 ～ 15 分钟，连汤饮下。

注意

牙痛、肠胃炎患者禁用。

调养原理

黑芝麻富含多种营养物质，具有抗氧化、抗衰老、抗癌等功效，可改善头发枯黄、白发等症状，使头发乌黑亮泽。此茶方是乌发亮发的常用良方。

润肠通便的茶方

由于身体或饮食原因，很多人都会出现排便困难的症状，此时不妨试试具有通便润肠效果的蜂蜜茶、芝麻核桃茶等。

【蜂蜜茶】

茶材

蜂蜜5毫升，红茶3克。

制法

将红茶和蜂蜜放入杯中，加适量热水冲泡3～5分钟即可饮用。

调养原理

蜂蜜不仅具有润肠通便的功效，还可以养胃、润肺，是治疗便秘的良药。

◎ 蜂蜜茶

◎ 芝麻核桃茶

【芝麻核桃茶】

茶材

黑芝麻 12 克，核桃 12 克，玫瑰花 9 克，红茶 5 克。

制法

1. 将黑芝麻和核桃研磨成粉。

2. 将粉末和玫瑰花、红茶一起放入杯中，加适量热水冲泡 3 ~ 5 分钟，调入适量蜂蜜后即可饮用。

调养原理

黑芝麻能润滑肠道、增强体质；核桃有润肺滑肠之效，对于老年性便秘效果尤佳。此茶方能润肺养胃、滑肠通便，对于各种便秘都具有良好效果。

缓解痢疾的茶方

用茶叶来治疗痢疾是传统中医经常采用的一种方法，因为茶叶不仅有消炎杀菌的功效，还能调节机体功能，帮助预防和治疗各种消化道疾病。痢疾患者适宜饮用一些具有消炎杀菌、止痢功效的养生茶，如大蒜茶、姜梅茶、二陈止痢茶等。

【大蒜茶】

茶材

大蒜一瓣，龙井茶 60 克。

制法

1. 将大蒜去皮，并捣成蒜泥。

2. 将蒜泥和龙井茶一起放入杯中，加入适量沸水冲泡，3 ~ 5 分钟后即可饮用。

注意

目、口、齿、喉、舌等处患有疾病者以及阴虚火旺者忌饮。

调养原理

大蒜具有杀菌消炎的作用，配以龙井茶，可治疗慢性痢疾。

◎ 大蒜茶

【姜梅茶】

茶材

生姜 10 克，乌梅 30 克，绿茶 6 克。

制法

1. 将生姜、乌梅切细，以适量沸水冲泡 30 分钟。

2. 将绿茶冲泡成茶汤。

3. 将两种茶汤调匀，加入适量红糖即可饮用。

调养原理

生姜有杀菌解毒、温中散寒的作用；乌梅可清热生津、止痢消食。此茶方适用于细菌性痢疾和肠炎。

◎ 姜梅茶

【二陈止痢茶】

茶材

陈茶叶 10 克，陈皮 10 克，生姜 7 克。

制法

1. 将陈皮、生姜用水洗净待用。

2. 将所有茶材放入锅中，加适量水煎煮 5 ~ 10 分钟，取汁随时饮用。

调养原理

陈茶叶能消炎杀菌，陈皮可调养肠胃。此茶方有温中理气、止痢的作用，适用于热痢、血痢等症状。

◎ 二陈止痢茶

益肾壮阳的茶方

在众多养生茶中，很多都具有益肾壮阳、提高男性性功能的功效，尤其是中药类茶材。常见的茶方有松子核桃茶、人参红枣茶、枸杞红茶等。

【松子核桃茶】

茶材

松子 6 克，核桃 3 个，花生 5 粒，乌龙茶 2 克。

制法

1. 将花生去皮，核桃去壳，松子用水洗净。

2. 把花生、核桃、松子放入锅中，以文火焙干，研磨成末。

3. 将粉末与乌龙茶一起倒入茶壶中，加入适量热水，闷泡 3 ~ 5 分钟后即可饮用。

调养原理

松子有补肾益气、滋补健身的功效；核桃可补血养气、补肾填精；花生有利肾去水的作用。此茶方可补肾益气，兼有延年益寿之效。

◎ 人参红枣茶

【人参红枣茶】

茶材

人参 9 克，红枣 3 枚，乌龙茶 3 克。

制法

1. 将人参、红枣用水洗净。

2. 把洗好后的人参、红枣与茶叶一起放入锅中，加适量水，文火煎煮 10 ~ 15 分钟，取汁温服。

注意

建议每天一剂，体热者不可多服。

调养原理

人参具有大补之效，能增强性功能，强壮身体。此茶方是益肾壮阳的良方。

【枸杞红茶】

茶材

枸杞子 10 克，红茶 2 克。

制法

1. 将枸杞子用水洗净、焙干，加入少量食盐，炒至枸杞子发胀后，滤掉食盐。

2. 把炒过的枸杞子和红茶一起放入茶杯中，倒入适量沸水，冲泡 5 ~ 10 分钟后即可饮用。

注意

建议每天一剂，脾胃虚弱、腹胀、消化不良、高血压患者慎用。

调养原理

枸杞子有益气生精、补肝益肾的作用，可增强男性性能力。此茶方适用于肾虚导致的性功能减退、潮热盗汗等症状。

◎ 枸杞红茶

增强免疫力的茶方

免疫力的高低是决定人体健康与否的决定性因素，因此增强免疫力能有效抵御病邪入侵。常见的可增强免疫力的养生茶有苹果绿茶、首乌茶、迷迭枸杞茶等。

【苹果绿茶】

茶材

苹果半个，绿茶粉 10 克。

制法

1. 将苹果洗净，用刀去核，切成片，与适量热水一起放入榨汁机中粉碎，连汁带渣备用。

2. 将绿茶粉放入茶杯中，然后倒入少量热水冲泡，调匀之后倒入苹果汁中混合，搅拌均匀即可饮用。

注意

肠胃虚弱者、女性生理期应尽量少加绿茶粉。

调养原理

绿茶粉中富含维生素 C 和多种营养物质，具有净化肠道、排毒养颜的作用；苹果富含果酸、维生素 C 等营养物质，具有润肺利尿、顺气、增强免疫力的作用。此茶方对于增强机体免疫力有很好的效果。

◎ 首乌茶

【首乌茶】

茶材

何首乌 5 克，乌龙茶 5 克。

制法

1. 先把何首乌用水洗净，然后把洗好的何首乌放入锅中，加入 800 ml 清水，以文火煎煮 10 ～ 15 分钟。

2. 取锅中茶汤倒入放有乌龙茶的杯中，加盖闷 3 ～ 5 分钟后即可饮用。

注意

大便溏薄者忌饮。不宜与猪肉、羊肉、萝卜、葱、蒜一起食用。

调养原理

何首乌可以补肾固精，改善人体气血循环，提高免疫力，增强体质。此茶方对于强身健体、增强免疫力十分有效。

【迷迭枸杞茶】

茶材

迷迭香 2 克，枸杞子 2 克，绿茶 3 克。

制法

1. 将迷迭香和枸杞子用水过滤一遍。

2. 将洗好的枸杞子放入锅中，加入适量水，以文火煎煮 10 ~ 15 分钟，取汁备用。

3. 把迷迭香和绿茶放入杯中，加入热水，闷泡 3 ~ 5 分钟，倒入煮好的枸杞汁，调匀后即可饮用。

注意

孕妇禁用。

调养原理

迷迭香可以使人精力充沛，降低血液中的胆固醇，提高人体免疫力；枸杞子能强化肝功能、补血养颜。此茶方是增强人体免疫力的良方。

◎ 迷迭枸杞茶

改善气色的茶方

人体健康与否可以通过气色体现出来，很多上班族因熬夜加班、饮食无规律导致皮肤蜡黄、气色不佳，使自己的形象大打折扣。经常喝荔枝红枣茶、荷叶茶等具有补血益气功效的养生茶，对于改善气色疗效很好。

【荔枝红枣茶】

茶材

荔枝肉 15 克，红枣 15 枚，红茶 5 克。

制法

1. 将洗净的荔枝肉放入锅中，加适量清水，以文火煮半小时。
2. 将洗净的红枣也放入锅中，继续以文火煮。
3. 煮沸后取汁倒入放有红茶的杯中，闷泡 3 ～ 5 分钟后即可饮用。

调养原理

荔枝和红枣都具有补益气血、养血安神的功效。常饮用此茶方可补气养血，改善气色。

◎ 红枣

◎ 荷叶茶

【荷叶茶】

茶材

干荷叶 20 克，红茶 10 克。

制法

1. 将干荷叶用刀切碎。

2. 把切碎的荷叶和红茶一起放入锅中，加入适量水，以文火煎煮 10 ~ 15 分钟，水呈浅绿色即可取汁饮用。

调养原理

荷叶有清热退火、顺气化瘀、调节内分泌的功效；红茶可增强血液循环。常饮此茶方可改善脸部气色，恢复红润脸色。

润肤养颜的茶方

留住青春和美丽是每个女人梦寐以求的目标，因此各种养颜之法纷纷出现，饮茶便是其中实用且效果较好的一种。养颜首先要从身体内部开始，因此净肠胃便显得十分重要，为了达到这一目的，可以经常饮用核桃绿茶、玫瑰人参茶等。

【核桃绿茶】

茶材

核桃仁 5 克，绿茶 5 克，优酪乳 250 ml。

制法

1. 将绿茶冲泡成茶，滤掉茶叶，取茶汤备用。

2. 将茶汤与优酪乳调匀，然后适当加入一些热水稀释，撒上核桃仁后即可饮用。

注意

肠胃不佳者禁用。

调养原理

绿茶富含维生素 C 和矿物质，具有净化肠胃、利尿排毒的功效；核桃仁可补脑益智、抗衰老；优酪乳营养丰富。此茶方是一款功效显著、营养全面的净肠润肤养生茶。

【玫瑰人参茶】

茶材

干玫瑰花 5 朵，人参 2 片，红茶 5 克。

制法

1. 将玫瑰花、人参、红茶等茶材用水清洗干净。

2. 将洗好的茶材放入杯中，倒入适量热水（以水温 85 ℃为佳），加盖闷泡 3 ～ 5 分钟，调入适量蜂蜜即可饮用。

注意

体质寒凉、怀孕、经期女性不宜多饮。

调养原理

玫瑰花能美容养颜、改善血液循环、促进新陈代谢；红茶可净化肠胃、消脂利尿；人参具有强大的抗衰老功效。此茶方能促进美容养颜、清洁肠道。

◎ 玫瑰人参茶

美白肌肤的茶方

爱美是女人的天性，拥有白皙水嫩的皮肤更是所有女性追求的梦想。要想拥有白皙水嫩的肌肤，经常饮用具有润肤美白效果的养生茶，无疑为实用之选。常见的茶方有玫瑰柠檬茶、椰汁菊花茶等。

【玫瑰柠檬茶】

茶材

玫瑰花 15 克，柠檬半个，薰衣草 7 克，绿茶 5 克。

制法

1. 先将玫瑰花、薰衣草用水洗净，然后把柠檬洗净切成片。

2. 将洗好的玫瑰花、薰衣草和柠檬片一起放入茶壶中，加入适量热水，闷泡 5 ～ 10 分钟，取汁调入适量蜂蜜后即可饮用。

注意

孕妇禁用。

调养原理

玫瑰花不仅能消除疲劳，还可润肤美白；薰衣草能促进排毒、美白肌肤；柠檬富含维生素 C，可促进新陈代谢、美白养颜。此茶方可活血化瘀、美白肌肤，是排毒养颜的良方。

【椰汁菊花茶】

茶材

椰汁 300 ml，菊花 3 克，绿茶 3 克。

制法

1. 将菊花用水洗净。

2. 把椰汁倒入锅中，以文火煮沸。

3. 用煮沸的椰汁冲泡菊花和绿茶，加盖闷泡 3 ~ 5 分钟后即可饮用。

调养原理

椰汁营养丰富，是美白肌肤的佳品；菊花有清热解毒、排毒润肤的功效。常饮此茶可清热明目、美白肌肤。

◎ 椰汁菊花茶

增强肌肤弹性的茶方

“吹弹可破”是用来形容女性肌肤美丽动人的成语，它形象地描绘了衡量肌肤健康的重要标准——皮肤弹性。如何让肌肤保持弹性，从而留住青春呢？饮茶便是一个很好的选择。可有效增强肌肤弹性的养生茶有芦荟红茶、桂花乌龙茶等。

【芦荟红茶】

茶材

鲜芦荟 200 克，菊花 10 克，红茶 5 克。

制法

1. 将鲜芦荟用水洗净、去掉皮，菊花也用水洗净。
2. 把处理好的芦荟和菊花放入锅中，加入适量清水，以文火煮沸。
3. 水沸腾后加入红茶，闷 3 分钟，取汁调入适量蜂蜜即可饮用。

注意

孕妇禁用。

调养原理

芦荟对皮肤具有很好的滋补作用，可以提高细胞活力，加速脂肪消化，改善肌肤光泽，增强肌肤弹性。

◎ 桂花乌龙茶

【桂花乌龙茶】

茶材

干燥桂花 3 克，乌龙茶 2 克。

制法

1. 把桂花和乌龙茶一起放入茶壶中，加入适量沸水。

2. 加盖闷泡 5 分钟后，倒入杯中即可饮用。

调养原理

桂花有养颜润肤的功效，可增强肌肤弹性；乌龙茶有润肤功效。此茶方对增强和保持肌肤的弹性有很好的效果。

消除色斑的茶方

中医认为色斑的形成是肝脏解毒功能太弱的结果。因此，欲消除色斑可经常饮用一些具有祛斑、养肝功效的养生茶，如苹果消斑茶、生姜乌龙茶等。

【苹果消斑茶】

茶材

苹果1个，橙子半个，红茶包1个。

制法

1. 先将苹果洗净去皮、去核，然后放入榨汁机内打成泥状备用。
2. 用水洗净橙子，压出汁备用。
3. 将适量清水倒入锅中，煮沸后放入苹果泥、橙汁，并调匀。
4. 再次煮沸后关火，然后加入适量蜂蜜和红茶包，5分钟后即可取汁饮用。

调养原理

苹果有增强胃肠蠕动、排毒养颜的作用；橙汁和红茶中的维生素C可有效淡化色斑。此茶方是消除色斑的良方。

◎ 生姜乌龙茶

【生姜乌龙茶】

茶材

一块生姜，乌龙茶5克。

制作

1. 将生姜用水洗净，并切成片。

2. 把准备好的姜片和茶叶一起放入杯中，然后倒入200～300ml沸水，闷泡5～10分钟后，调入适量蜂蜜饮用即可。

调养原理

生姜中含有多种活性成分，其中的姜辣素有消除色斑的功效；乌龙茶有养颜美容功效；蜂蜜营养丰富，可使皮肤白嫩光滑、面容红润。此茶方消除色斑的效果显著。

消脂减肥的茶方

生活水平的不断提高，使得肥胖成为一个严重的社会问题。如何减肥成为人们日常关注的话题，目前养生茶减肥的可行性已得到越来越多人的肯定。常见的茶方有蜜柚绿茶、菊花普洱茶等。

【蜜柚绿茶】

茶材

葡萄柚一颗，绿茶少许。

制法

1. 将葡萄柚去皮，用榨汁机榨汁备用。
2. 绿茶用热水冲泡约 10 分钟，备用。
3. 将葡萄柚汁和绿茶汤调和，添加少许蜂蜜后即可饮用。

调养原理

蜜柚具有止咳化痰、养颜润肤、减肥、助消化及促进新陈代谢等功效；绿茶有消食化痰、去腻减肥的作用。此茶方可消脂减肥。

◎ 菊花普洱茶

【菊花普洱茶】

茶材

干菊花 5 朵，普洱茶少许。

制法

1. 先在锅中加入 800ml 清水，用武火将水烧开，然后将普洱茶投入沸水中煮 3 ~ 5 分钟。

2. 将茶水倒入茶壶中，加入菊花，闷泡 3 ~ 5 分钟，即可取汁饮用。

注意

体质虚寒者少加菊花。

调养原理

普洱茶茶香浓郁，不易伤肠胃，具有安神、静心、消脂的功效；菊花有清肝明目、降血压、增加香气的作用。此茶方可消脂降压，是减肥瘦身的佳品。